向現代科學邁進

漫畫STEAM 科學史⑤

中小學新課綱必備科學素養
奠定國高中理化基礎

鄭慧溶 Jung Hae-yong ——著
辛泳希 Shin Young-hee ——繪

鄭家華——譯

【漫畫STEAM科學史5】
向現代科學邁進，奠定國高中理化基礎
（中小學生新課網必備科學素養）

作　　者：鄭慧溶（Jung Hae-yong）
繪　　者：辛泳希（Shin Young-hee）
譯　　者：鄭家華
總 編 輯：張瑩瑩
主　　編：謝怡文
責任編輯：林曉君
校　　對：林昌榮
封面設計：彭子馨（lammypeng@gmail.com）
內文排版：菩薩蠻數位文化有限公司
出　　版：小樹文化股份有限公司

發　　行：遠足文化事業股份有限公司（讀書共和國出版集團）
　　　　　地址：231新北市新店區民權路108-2號9樓
　　　　　電話：(02) 2218-1417 傳真：(02) 8667-1065
　　　　　客服專線：0800-221029
　　　　　電子信箱：service@bookrep.com.tw
　　　　　郵撥帳號：19504465遠足文化事業股份有限公司
　　　　　團體訂購另有優惠，請洽業務部：(02) 2218-1417分機1124

法律顧問：華洋法律事務所 蘇文生律師
出版日期：2016年07月01日初版首刷
　　　　　2020年08月05日二版首刷
　　　　　2023年07月25日二版5刷

國家圖書館出版品預行編目(CIP)資料

漫畫STEAM科學史 5：向現代科學邁進，奠定國高中
理化基礎 / 鄭慧溶著；辛泳希繪；鄭家華 譯. -- 二版.
-- 臺北市：小樹文化出版：遠足文化發行, 2020.08
　　面；　公分. --（漫畫STEAM科學史；5）

ISBN 978-957-0487-35-0(平裝)
1.科學 2.歷史 3.漫畫

309　　　　　　　　　　　　　　109007703

* 初版書名：《「漫」遊科學系列5：向現代科學邁進》

線上讀者回函專用QR CODE
您的寶貴意見，將是我們進步的
最大動力。

立即關注小樹文化官網
好書訊息不漏接。

與科學家一起穿越時空，
見證科學理論的發展，
快速理解基本知識，學習好輕鬆！

目錄

1‧科學革命大爆發：
向現代科學邁進

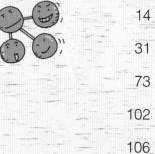

2・科學革命新思想：
邁向近代的啟蒙運動

科學家小檔案

姓　　名：哈維

生 卒 年：西元1578～1657年

出 生 地：英國

主要領域：醫學（解剖學）

著名思想：主張血液循環理論、著有
　　　　　《心血運動論》

姓　　名：馬爾皮吉

生 卒 年：西元1628～1694年

出 生 地：義大利

主要領域：哲學、醫學（解剖學）

著名思想：稱為「顯微鏡使用之父」

姓　　名：格勞勃

生 卒 年：西元1604～1670年

出 生 地：德國

主要領域：化學

著名思想：稱為「近代工業化學的始
　　　　　祖」、發現硫酸鈉

姓　　名：羅伯特・波以耳

生 卒 年：西元1627～1691年

出 生 地：英國

主要領域：化學

著名思想：提出「波以耳定律」、發表
　　　　　原子理論、著有《懷疑派化
　　　　　學家》

姓　　名：貝歇爾

生 卒 年：西元1635～1682年

出 生 地：德國

主要領域：醫學、化學

著名思想：奠定「燃素說」、發現乙
　　　　　烯、焦炭和焦油

姓　　名：納皮爾

生 卒 年：西元1550～1617年

出 生 地：蘇格蘭

主要領域：數學

著名思想：發明對數、創造小數的現代
　　　　　標計法

姓　　名：卡瓦列里

生 卒 年：西元1598～1647年

出 生 地：義大利

主要領域：數學、天文學

著名思想：首次提出對數符號、發表
　　　　　「不可分量法」

姓　　名：費馬

生 卒 年：西元1601～1665年

出 生 地：法國

主要領域：數學

著名思想：費馬原理、費馬大定理

姓　　名：艾薩克・牛頓

生 卒 年：西元1643～1727年

出 生 地：英國

主要領域：物理學（光學、力學）、數學
　　　　　（微積分學）

著名思想：牛頓三大運動定律

姓　　名：莫爾加尼

生 卒 年：西元1682～1771年

出 生 地：義大利

主要領域：醫學（解剖學）

著名思想：稱為「病理解剖學之父」、
　　　　　結合解剖學和病症

姓　　名：羅伯特・虎克

生 卒 年：西元1635～1703年

出 生 地：英國

主要領域：化學、博物學、物理學

著名思想：著有《微物圖解》、發現
　　　　　「細胞」、提出「彈性法則
　　　　　（虎克定律）」

姓　　名：雷文霍克

生 卒 年：西元1632～1723年

出 生 地：荷蘭

主要領域：細菌學

著名思想：稱為「微生物學之父」、發
　　　　　現「微生物」、著有《大自
　　　　　然的奧祕》

科學理論補給站

科學家	重要理論	解釋	頁次
波以耳	波以耳定律	在密閉容器及固定的溫度下對氣體施加壓力，氣體的體積與壓力成反比。	第55頁
巴斯卡	巴斯卡定理	圓錐曲線中的內接六邊形，其三組對邊的交點共線。	第86頁
費馬	費馬原理	光在任意介質中從一點傳播到另一點時，會沿所需時間最短的路徑傳播，又稱「最短時間原理」或「極短光程原理」。	第98頁
牛頓	牛頓第一運動定律（慣性定律）	不受外力作用時，靜止狀態的物體會保持靜止狀態，等速直線運動的物體會保持運動狀態。	第127頁
	牛頓第二運動定律（運動定律）	受外力作用時，物體加速度的大小與作用力成正比，方向與作用力相同。	
	牛頓第三運動定律（作用力與反作用力）	所有的力都有大小相等、方向相反的反作用力，即力的反作用。	
	萬有引力定律	物體間的引力與質量的乘積成正比，與距離的平方成反比。	第131頁
虎克	彈性法則（虎克定律）	在彈性限度內，將彈簧拉長後再放開的力，與拉長的彈簧長度（變形量）成正比。	第160頁

科學革命大爆發：

向現代科學邁進

科學革命 醫學①

心臟與血液的祕密

蓋倫[1]發現的小循環一直處於生理學[2]主導地位，

雖然有一些錯誤，但如果你覺得你的血液理論比蓋倫強，那就提出試一試。

……

1. 關於蓋倫的故事，請參考第一冊第104頁。　2. 生理學：研究生命現象的科學。

瓣膜被發現後，動搖了蓋倫生理學的主導地位。

16世紀時，學者早已觀測到靜脈中的瓣膜，

卻不知道有什麼功能。

直到這個時期，人們才發現是瓣膜阻止了血液倒流。

義大利解剖學家法布里修斯對瓣膜做了詳細的解釋，

我叫法布里修斯，我的老師是維薩留斯★的學生，

後面將提到的哈維是我的學生。

法布里修斯
(西元1537～1619)

1565年到1619年間，他在帕多瓦大學擔任生理學教授，

我當了54年的教授，很久吧？

★關於維薩留斯的故事，請參考第三冊第153頁。

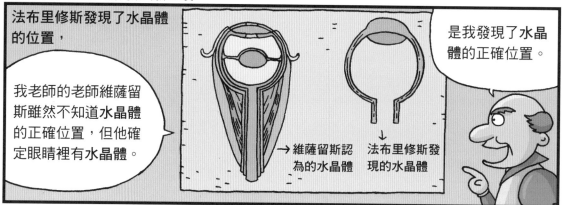

法布里修斯發現了水晶體的位置，

我老師的老師維薩留斯雖然不知道水晶體的正確位置，但他確定眼睛裡有水晶體。

→ 維薩留斯認為的水晶體

法布里修斯發現的水晶體

是我發現了水晶體的正確位置。

1603年出版了《關於靜脈瓣膜》。

受到蓋倫的理論影響，我認為心臟是呼吸系統的器官。

我卻未能連結心臟和血液調節之間的作用。

如果血液是在靜脈中來回流動，

就很難解釋瓣膜的作用。

血液的流動應該與瓣膜有關啊……

這個情況就像水庫的水門。

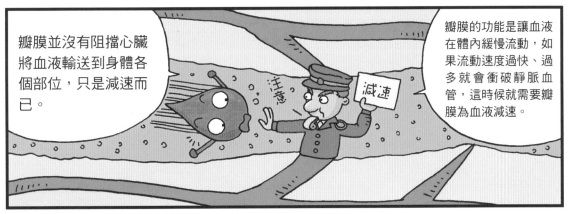

瓣膜並沒有阻擋心臟將血液輸送到身體各個部位，只是減速而已。

瓣膜的功能是讓血液在體內緩慢流動，如果流動速度過快、過多就會衝破靜脈血管，這時候就需要瓣膜為血液減速。

如此一來，體內各部位都可以吸收到血液輸送過來的養分。

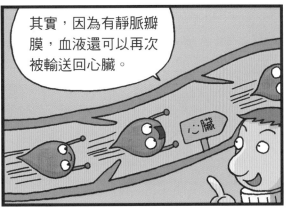

其實，因為有靜脈瓣膜，血液還可以再次被輸送回心臟。

仔細想一想就知道血液是如何循環的……

當時做出這個結論的人是法布里修斯的學生哈維。

終於介紹到你啦!

哈維出生於英國肯特郡福克斯通鎮,曾在皇家醫學院擔任解剖學教授,

我還是查爾斯一世★的宮廷醫生。

我也被這個人治療過。

(我是培根)

哈維
(西元1578~1657)

★查爾斯一世:17世紀英格蘭、蘇格蘭及愛爾蘭國王。

他還曾去帕多瓦大學留學,

就在這個時期,他成了我的學生。

受到當時思潮的影響。

哪些思想影響了你?

有很多方面。

首先在天文學方面,受科學革命和宗教改革的影響,日心說(地動說)逐漸成為主流。

在生理學方面,有些學者認為人體的中心是心臟和血液。

當時在帕多瓦大學，亞里斯多德*的理論非常受歡迎，

亞里斯多德

因為亞里斯多德認為心臟統治著人體。

如果我們綜合這些思想，

★關於亞里斯多德的故事，請參考第一冊第174頁。

就可以認為心臟是生命的起源，是人體的支配者。

就像太陽是大宇宙(世界、宇宙)的中心，心臟也是小宇宙(人體)的中心。

在自然界也有類似於宇宙圓運動的循環，就像水的循環有助於生成萬物。

凝結

蒸發

雨

難道人體就沒有維持生命的循環嗎？

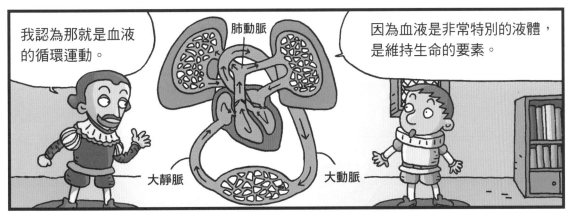
我認為那就是血液的循環運動。

肺動脈

大靜脈

大動脈

因為血液是非常特別的液體，是維持生命的要素。

等等，你的學說怎麼跟我的不一樣？我不是說人類不會發生像循環那樣完美的圓運動嗎？

亞里斯多德

我是17世紀的人，還會受到其他學者的影響啊。

其實在神的面前，無論大、小宇宙都是一樣的，那循環運動會有差異嗎？

哈維堅信血液循環理論，努力想要證明它。

透過解剖我們才能真正了解血液和心臟。

我解剖了80多種動物，觀察牠們的心臟，

特別是冷血動物的心臟，在死後不會馬上停止跳動，剛好有利於觀察。

心臟在收縮時會變硬，可以看出心臟也是一塊肌肉。

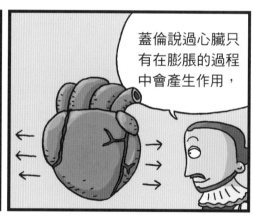

蓋倫說過心臟只有在膨脹的過程中會產生作用，

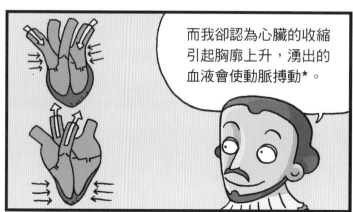

而我卻認為心臟的收縮引起胸廓上升，湧出的血液會使動脈搏動★。

如果心臟持續湧出血液到動脈，那麼血液量會一直增加，這個量將難以想像。

★搏動：心臟或脈搏有規律的跳動。

大家看到這個心臟了吧？這是一般人的心臟。心臟每跳動一次就會向外輸送大約60g的血液。

心臟每小時輸出的血液量
$60g \times 72次 \times 60分鐘 = 259200g$

心臟1分鐘跳動約72次，每小時從心臟輸出的血液量大約是300kg⋯⋯

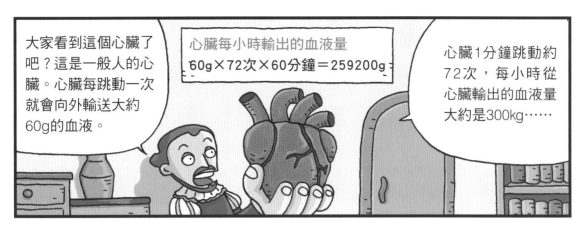

這超過了成人正常體重的3倍。靜脈很難承受如此大量的血，動脈或許可以分擔部分。

即使造血功能再迅速，

一般人也無法在一小時內吃下300kg的食物，人體也無法造出這麼多的血吧？

肺靜脈

雖然血液從肺部流向左心室，

左心室

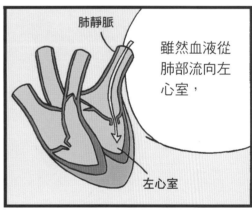

但是血液不會回流。這正是瓣膜的作用：瓣膜讓血液始終朝同一個方向流動。

瓣膜

左心室

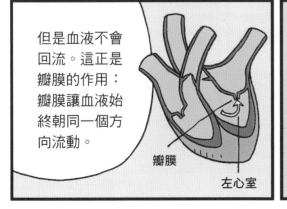

結論就是：血液從心臟流向動脈，然後經過靜脈再次流回心臟，這是一種圓周運動。

動脈　靜脈

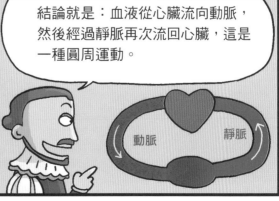

哈維主張的血液循環假設非常具有理論性，

這是夢想中的完美圓周運動。

雖然我是亞里斯多德的粉絲……

並且用了很多的實驗證實他的理論。

但我可是17世紀的人，是接受新思維的一代。

血液循環不只是推論，而是經過科學實驗才發表的。

我做的實驗是……

用繃帶將手臂綁緊。

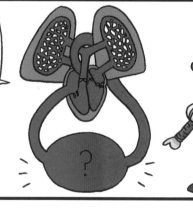

最大的問題就是：動脈血如何轉換成靜脈血？又是在哪裡轉換的？

假設肺部類似海綿的組織存在於身體的最頂端，這樣就可以連接動脈和靜脈。

?

靜脈靠近人體的皮膚，動脈在人體的深處。

我調節綁住手臂的繃帶的鬆緊，發現可以同時阻擋靜脈和動脈流動，或是只阻擋靜脈流動。

→ 皮膚

靜脈

動脈

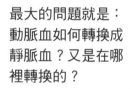

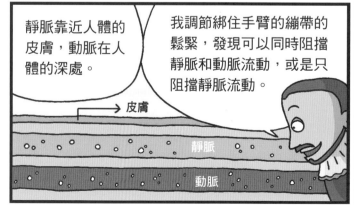

首先，如果我們這樣用力綁住手臂，

這意味著動脈和靜脈的血液循環都被阻擋了。

上臂的動脈會鼓脹起來。

靜脈

動脈

手臂會覺得冷。大家有沒有看到被綁住部分的血管變化？

如果稍微放鬆綁住手臂的繃帶，讓動脈恢復血液循環，

又看不到剛剛鼓脹起來的動脈。

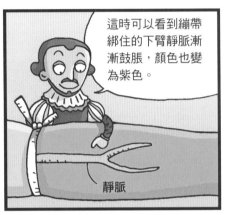

這時可以看到繃帶綁住的下臂靜脈漸漸鼓脹，顏色也變為紫色。

靜脈

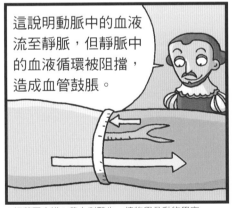

這說明動脈中的血液流至靜脈，但靜脈中的血液循環被阻擋，造成血管鼓脹。

雖然眼睛看不到，但有一個地方會把動脈血轉換成靜脈血。

切薩爾皮諾*也做過這個實驗。

★切薩爾皮諾：義大利醫生、植物學及動物學家。

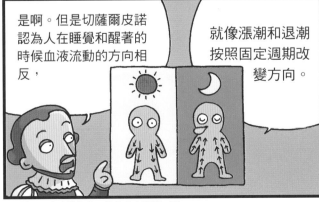

是啊。但是切薩爾皮諾認為人在睡覺和醒著的時候血液流動的方向相反，

就像漲潮和退潮按照固定週期改變方向。

這個時期我還沒發現微血管，然而後面出場的馬爾皮吉*透過顯微鏡觀測到了。

★關於馬爾皮吉的故事，請參考本書第27頁。

其他與血液循環相關的證明都與心臟的構造有關。

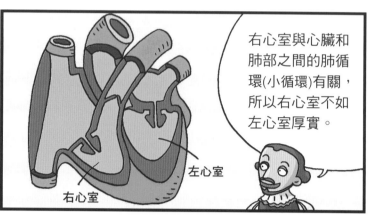

右心室

左心室

右心室與心臟和肺部之間的肺循環(小循環)有關,所以右心室不如左心室厚實。

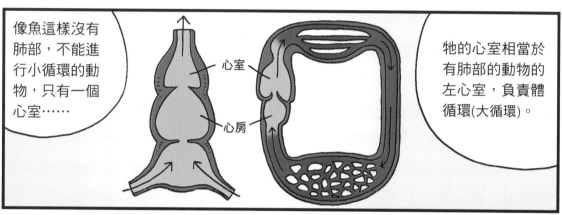

像魚這樣沒有肺部,不能進行小循環的動物,只有一個心室……

心室

心房

牠的心室相當於有肺部的動物的左心室,負責體循環(大循環)。

我發現越靠近心臟的動脈,血管壁越厚。這是為了承受從心臟輸出血液的壓力,

沒有必要承受壓力的靜脈,血管壁就沒有那麼厚。

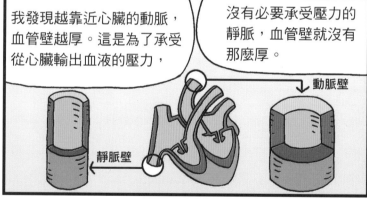

動脈壁

靜脈壁

終於在1628年出版了相關論證的著作。

心血運動論

花費了15年以上寫這本書,並進行實驗和觀察,

但是因為大環境影響,並沒有馬上出版。

出版後又遭人議論。

真是太不像話了!

因為我的理論無法證明微血管的存在，

再加上蓋倫的影響力很大。

要讓大家接受我的理論需要時間。

不過部分內容很快就被認可了。

就是心臟具有像幫浦一樣的功能。

血液不僅是運送生命重要物質的液體。

絕對沒有靈魂之類的東西。

人類的肉體會像機械般運作。

我向人們展示了新的人體觀。

這裡

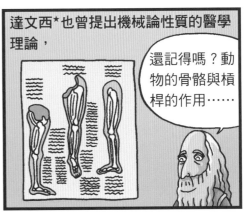

達文西★也曾提出機械論性質的醫學理論，

還記得嗎？動物的骨骼與槓桿的作用……

★關於達文西的故事，請參考第三冊第115頁。

血液輸送系統對之後的科學發展影響很大。

當然。現在我們可以客觀的看待人體了。

勒內‧笛卡兒★

我也受到很大的影響。這非常符合我的個性。

★關於笛卡兒的故事，請參考第四冊第19頁。

機械論哲學的主要代表人物是波雷里，他是天文學家也是生理學家。

他是我的朋友，請大家多多照顧。

伽利略★

波雷里
(西元1608～1679)

他有一本著作，叫作《動物運動論》。

這本書中分析了鳥、魚、蟲等多種動物的運動。

動物運動論

★關於伽利略的故事，請參考第四冊第124頁。

他還研究了利用肌肉和關節進行的人類運動。

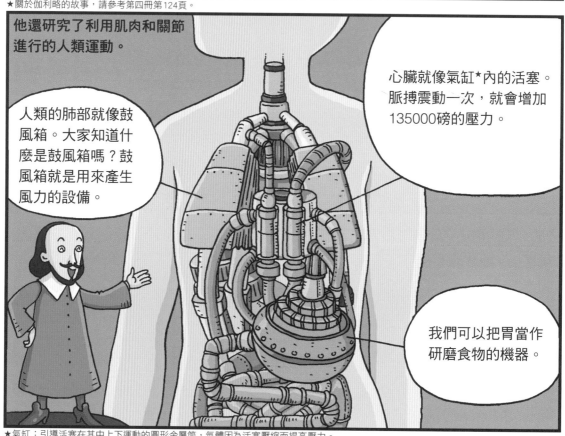

人類的肺部就像鼓風箱。大家知道什麼是鼓風箱嗎？鼓風箱就是用來產生風力的設備。

心臟就像氣缸★內的活塞。脈搏震動一次，就會增加135000磅的壓力。

我們可以把胃當作研磨食物的機器。

★氣缸：引導活塞在其中上下運動的圓形金屬筒，氣體因為活塞壓縮而提高壓力。

除了波雷里之外，還有一位任職於帕多瓦大學的教授，名叫桑托里奧。

他是我的同事，請大家多多照顧。

桑托里奧
(西元1561～1636)

他改良了伽利略發明的溫度計，

是嗎？

沒有我不會的事。

他是第一個將科學測量溫度方法運用於醫學的人。

我把溫度計改成彎曲的蛇形，刻上刻度，將體積改得更小。

玻璃管球狀的那端可含進嘴裡，遇熱後，另一端的水位就會上升，以此來測量體溫。

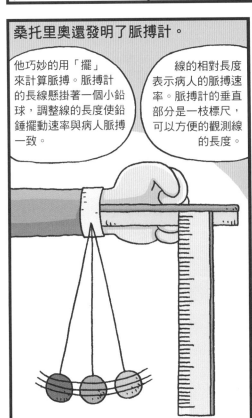

桑托里奧還發明了脈搏計。

他巧妙的用「擺」來計算脈搏。脈搏計的長線懸掛著一個小鉛球，調整線的長度使鉛錘擺動速率與病人脈搏一致。

線的相對長度表示病人的脈搏速率。脈搏計的垂直部分是一枝標尺，可以方便的觀測線的長度。

他還透過實驗研究了人類的新陳代謝。

我讓一個人坐在可以秤重的椅子上。

不論是睡覺還是吃飯，

或是其他的生理現象，測出他30餘年的體重變化。

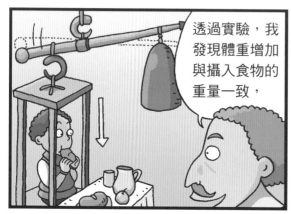

透過實驗，我發現體重增加與攝入食物的重量一致，

但是排洩量卻比攝入的食物量少。

排洩後，人的體重也沒有增加。

嗡嗡

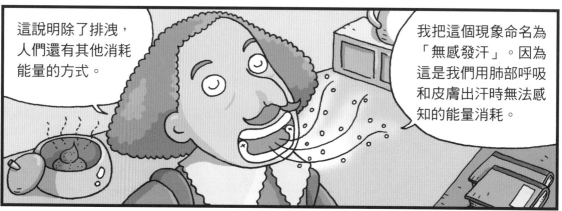

這說明除了排洩，人們還有其他消耗能量的方式。

我把這個現象命名為「無感發汗」。因為這是我們用肺部呼吸和皮膚出汗時無法感知的能量消耗。

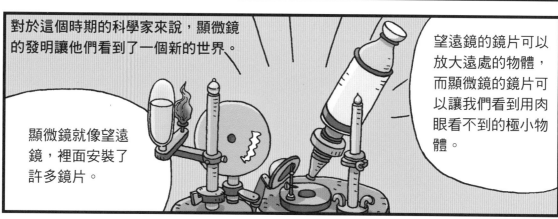

對於這個時期的科學家來說，顯微鏡的發明讓他們看到了一個新的世界。

顯微鏡就像望遠鏡，裡面安裝了許多鏡片。

望遠鏡的鏡片可以放大遠處的物體，而顯微鏡的鏡片可以讓我們看到用肉眼看不到的極小物體。

顯微鏡是1590年初在阿姆斯特丹製造出來的，

發明者是一位鏡片研磨工，名叫詹森。

伽利略是第一個將顯微鏡運用在科學上的人。

是啊，科學方面的事情可不能沒有我啊。

到了17世紀，顯微鏡成為許多科學家研究的必備器具。

透過顯微鏡有了許多新發現。

用顯微鏡觀測，即使是單純的一滴水也會發現肉眼看不到的微生物……

我們平時所了解的花和葉子、昆蟲的翅膀、人類的皮膚，在顯微鏡下會變成非常複雜的東西。

這個時期義大利解剖學家馬爾皮吉最有名。

人們稱我為「顯微鏡使用之父」。

馬爾皮吉
(西元1628～1694)

馬爾皮吉曾在博洛尼亞大學學習哲學和醫學。

主修兩個科目，的確有點忙……

哲　學　　醫　學

他曾在多所大學擔任教授，並為教皇工作。

搬來搬去，的確有點忙……

後來，他還成為實驗學會和英國皇家學會*的會員。

忙著和其他科學家討論研究問題。

★關於英國皇家學會的故事，請參考第四冊第51頁。

他用顯微鏡研究了各種動物的身體組織。

不僅是人類的肺、舌頭、皮膚、肝臟、胰臟，還包括青蛙以及植物的組織。

這樣怎麼會不忙呢？

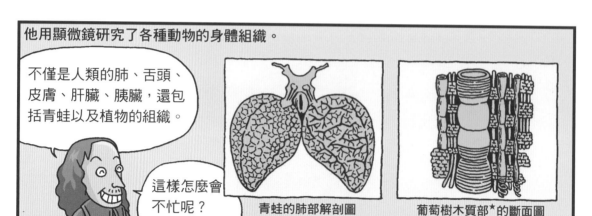

青蛙的肺部解剖圖

葡萄樹木質部★的斷面圖

★木質部：維管束植物的運輸組織，負責將根吸收的水分往上運輸，供其他組織使用。也具有支持植物體的作用。

在青蛙的肺和膀胱中發現了微血管。

這個地方真的有血液在流動啊。神奇吧？

這證實了哈維的學說。儘管這時哈維已經去世4年了。

馬爾皮吉也支持先成論。

再見！

「先成論」是：產生受精卵時，形體已在卵中形成雛形的學說。亞里斯多德、哈維等學者都相信這個學說。

他以「先成論」的觀點寫了兩本書。

1673年的《關於雞蛋中雞雛形的研究》和1686年的《孵化蛋的研究》。

這幅圖是胚胎形成後兩天的樣子。

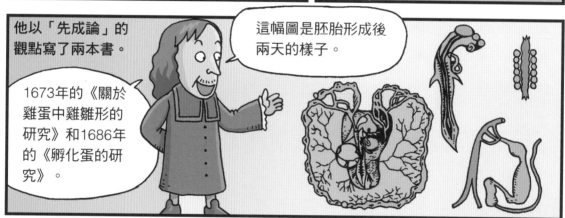

出生在丹麥的解剖學家尼古拉斯·斯丹諾是宮廷寶石工人的兒子。

尼古拉斯·斯丹諾是我的拉丁語名字。

尼古拉斯·斯丹諾
(西元1638～1687)

他最後放棄了科學研究，成為牧師。

我經常換工作。

他曾去阿姆斯特丹學習醫學，並於1662年發現了腮腺。

「腮腺」是口中三個腺體[1]中最大的一個。

他還發現不僅人類，動物也有松果體[2]。

笛卡兒曾經說過松果體只存在人體之中。

其實我們也有喔。

．．．．．

1. 口腔的三個腺體為：「腮腺」、「下頜腺」及「舌下腺」。　2. 松果體：位於大腦的內分泌器官。

他還精通淚腺*的構造和肌肉學。

並第一次確認心臟是由肌肉組成的。

他不僅是一位信徒，還研究宗教。

我改變了自己的信仰，從路德教派改信天主教。

★淚腺：分泌眼淚的腺體。

之後又研究起地質學。

研究化石相當有趣。

我剛開始先研究沙魚。

在研究沙魚的牙齒時，

發現化石是古代生物死後石化所形成。

然而當時的人們卻迷信化石具有其他功用。

噢，這可是靈丹妙藥啊！

他奠定了近代地質學的基礎。

我在不知不覺中成為了地層學*家，並對地質學有著獨到的見解。

★地層學：研究地層的分布和形成的學問。其中化石的時代性有助於研究地球的發展史。

雖然這個時期的醫學理論發展快速，

但是醫療水準卻沒有提高。

依然是在沒有麻醉的情況下實施手術，

這個時期黑死病威力十分強大，到處可見埋葬黑死病人的場景。

這幾幅圖就是倫敦發生黑死病的情境。

與黑死病人接觸的時候全身要裹一層布，還要穿防護衣。

而且藥房也沒有設置醫生專用的配藥室，還銷售禁藥。

比如毒藥、春藥或複雜草藥製作而成的合成藥。

有沒有毒藥？

當然有了！

科學革命
化學 ①

奠定化學基礎
的鍊金術

化學之路

神祕主義

正如大家所知，化學的英文「chemistry」是從鍊金術「alchemy」演變而來。

雖然鍊金術好像虛幻的夢境，可以改變物體性質。

嗯……我一定要成功……

為了得到賢者之石★，卻意外生產出化學藥品，

鹼
硫酸
乙醇
硝酸銀
白礬
乙太
氯化鈉
皂

★賢者之石：一個神話般的物質。長期以來，西方鍊金術認為它能把非貴重金屬變成黃金，或能製造長生不老藥。

以及開發出熔鍋、蒸餾器、長頸瓶、過濾器等實驗器具

鍊金術奠定了近代化學的基石。

化學

培根曾這樣評價過鍊金術：

「葡萄園裡埋了金銀財寶，鍊金術就像在葡萄園尋找財寶的農夫。」

什麼？

嗯？你沒聽過這個故事嗎？

從前有一位老人，在臨終前告訴三個懶惰的兒子說：「我在園子裡埋了財寶，給你們補貼家用。」

在那裡，就在那裡……

於是在老人死後，三個兒子用鋤犁翻了三天的土，

這裡沒有……

這裡也沒有！

填飽肚子再繼續……

結果雖然沒找到財寶，卻仔細的將園子耕作了一遍。到了第二年，一串串紫色的葡萄散發出鑽石般的光芒。葡萄成熟後，三個人運到鎮上去賣，賺了好大一筆錢。

或許，農夫的三個兒子在之後的幾年還會持續翻找葡萄園。他們怎麼可能放棄呢？

然而鍊金術的歷史悠久，給人們留下了無限遐想。

嗯，我理解這種心情。

鍊金術雖然沒有讓我們鍊成金子，但卻賜給我們許多有價值的東西。

啊哈！

所以人們仍然相信並期待鍊金術能發展近代化學。

這個時期還出現了一些對科學發展十分重要的學者。

首先介紹醫化學派的學者。

鍊金術

化學

醫化學派是那些把鍊金術應用到醫學領域的人。

帕拉塞爾蘇斯★是代表人物。

他們強調要為疾病開出適合的處方、調節藥量、進行實驗等。

★關於帕拉塞爾蘇斯的故事，請參考第三冊第162頁。

鍊金術為醫學和科學發展做出了巨大的貢獻。

然而神祕主義仍然與鍊金術有著不可分割的關係。

鍊金術

神祕主義

別管了，鍊金術還是很好的……

這個時期出現了一位醫化學派的代表人物安德烈亞斯·利巴菲烏斯。

安德烈亞斯·利巴菲烏斯
(西元1560～1616)

他既是醫生，又對動物學和礦物學非常感興趣，

嘿嘿

還是經歷文藝復興★改革的人。

這個時期的醫學主流是蓋倫的理論。

★關於文藝復興背景故事，請參考第三冊第106頁。

他並不完全接受帕拉塞爾蘇斯的學說。

有的地方接受，有的地方不接受。

嗯……是嗎？你接受了哪些？

神祕主義與魔術有相同的一面。

神祕主義

鍊金術

我們應該跳脫虛無的神祕主義。

對我來說，這件事情不太容易。

哎呀。哎呀。

讓我說說關於利巴菲烏斯的事情吧。

這個時期有個組織叫「玫瑰十字會」。

玫瑰十字會由德國人羅森克洛茲所設立，這個組織非常注重保密措施。

負責傳播從阿拉伯、埃及，以及摩洛哥等地所獲得的神祕知識。

哈哈

34

玫瑰十字會在書上打廣告……

來找我們吧。

這引起了人們極大的好奇心。

人們想要知道玫瑰十字會的組織架構是什麼、怎樣才能成為會員。

亂哄哄 亂哄哄 亂哄哄 亂哄哄 亂哄哄

各地流傳著許多推測，甚至有人揚言自己已成為會員了。

據說當時牛頓[1]、萊布尼茨[2]等學者也非常想了解玫瑰十字會。

都沒有留下聯絡方式，太過分了！

牛頓知道嗎？

我也很感興趣啊！

1. 關於牛頓的故事，請參考本書第117頁。　2. 萊布尼茨：德國律師、哲學家及數學家。

不知道玫瑰十字會的面紗底下到底有什麼，可以讓眾多學者為它神魂顛倒，

當其他學者沉迷於它的時候，利巴菲烏斯的態度卻截然不同。

他十分厭惡當時這種狀況，猛烈的批判玫瑰十字會。

如此討厭神祕主義的利巴菲烏斯，

怎麼樣？被我抓住了吧？

呵呵

太偉大了！

認為鍊金術單純就是製藥，或從混合物中提取純淨水的技術。

鍊金術

他最重要的成就是1606年出版的《鍊金術》。

鍊金術

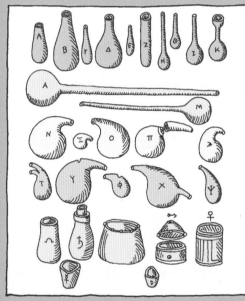

當時出版的書籍太注重神祕主義，然而利巴菲烏斯的這本書卻不同。

書中記錄了當時的化學知識和圖表，被世人評為當時的「化學教科書」。

也就是說你只是沒有接受神祕主義，但是仍然相信鍊金術，對吧？

是啊。應該是這樣沒錯……

呵呵！一、二、三……

鍊金術最棒了！

我怎麼覺得大家不太滿意我闡述的鍊金術原理呢。

嗯？沒有啊！

這個嘛……

總之，我是醫化學派學者。至今還有許多人相信神祕主義呢！

比如這位！

我嗎？很高興認識大家。

海爾蒙特
(西元1579～1644)

海爾蒙特的父親是檢察官和布魯塞爾法庭成員，母親是布拉班特公國★顯赫家族的後代。他曾學過神祕主義的哲學、美術、神學。

為什麼要拿我舉例？

神學

美術

呼咻咻　呼咻咻

嗯？你剛剛說什麼？

啊，我什麼也沒說。

★布拉班特公國：17世紀前歐洲古代公國，橫跨現今比利時及荷蘭。

之後他選擇學習醫學，為了治療家鄉的貧民，開設了診所、擔任醫療志工。

我又不是小孩，我可以自我介紹……

你是不是對我的介紹不太滿意？

不，不是。請繼續。

那我就繼續了……他也是信奉帕拉塞爾蘇斯老師思想的醫化學派代表性人物。

嘟嘟囔囔

聽起來好像我是心胸狹窄的人。

……。

怎麼了？請繼續。你說得很好。

他本來就喜歡神祕的事情和魔術。

難道其他人不喜歡神祕的事情嗎？

嘟嘟囔囔

為了尋找賢者之石而努力實驗。

我雖然相信鍊金術，但還是有很多科學成就。

那我們來較量一下啊？

哎喲，我是在自言自語，你別放在心上。

喂！喂！冷靜一點……

呼味呼味

那麼海爾蒙特做過什麼實驗呢？

我不想再多說什麼了。

剛才明明說得好好的……

還不是因為你！

哎喲，你的耳朵真靈，我自言自語也聽得見。

別吵了。聽說海爾蒙特創造了「氣體」(gas)這個詞……

海爾蒙特，你能不能解釋一下？

誰吵架了，真是的。

哼！

哎呀！讓我來解釋吧。這樣可以快點結束。

我正想說呢……又不讓我說了嗎？

在發酵葡萄酒及燃燒木炭的時候會產生一種氣體。

喘口氣再說。

劈哩啪啦

這種氣體可以熄滅正在燃燒的蠟燭。

你說得太慢了。

呼咻

利巴菲烏斯，別生氣了。

你的心情似乎不太好哦。

這種氣體被命名為「二氧化碳」。

這可是我最寶貴的研究成果……

我也知道空氣中有多種氣體，還證明了人工可以製造出氣體。

在食用醋中放入石灰岩。

在硫酸中放入錫。

看來他是嫉妒我了。

海爾蒙特證明了二氧化碳與空氣不同。

請你說得簡單明瞭一些！

氣體沒有一定的體積和形態，最初的名稱「gaesen」在希臘語中是「混沌」(chaos)的意思，荷蘭語的意思為沸騰的氣泡。後來名稱變成了「gas」。

說的全是廢話。

我不說了！

海爾蒙特你也太過分了，那你自己解釋吧。

哎喲！真是對不起。我只是在自言自語啊。請別放在心上，繼續解釋吧。

那麼就請你繼續吧。

好吧。大人不記小人過。

他們聯合起來孤立我。

你怎麼了？

噗！

請繼續吧。

太棒了！現在我可以說快一點了。

海爾蒙特認為gas非常重要。對了，你知道「元素」嗎？

你說的是物質的基本要素，也是最基本的單位，對嗎？

對，就是元素！文藝復興時期人們熱中於研究希臘古典書籍，

古希臘原子論[1]重新出現，並引起了海爾蒙特的興趣。

海爾蒙特認為即使經過化學變化[2]，還是可以保留原子的性質。

1. 關於原子論，請參考第一冊第126頁。　2. 化學變化：改變物質本質，並產生新物質的變化。例如燃燒、生鏽及消化等。

並且認為亞里斯多德的四元素論*是錯誤的。

那麼到底什麼是元素呢？海爾蒙特找到了實驗中沒有發生變化的物質……

我的肚子……

★關於亞里斯多德的四元素論，請參考第一冊第178頁。

啊！不好意思……

這種物質就是氣體（gas）和水。他也為了證明這兩種物質的元素努力研究。

他做了一個柳樹實驗。

把9公斤的土壤烘乾稱重，然後在土裡種下2.25公斤的柳樹種苗，並用雨水灌溉；五年後柳樹長成74公斤重，再將土壤烘乾稱重，只少了50克。

海爾蒙特得出結論：樹木增加的重量來自雨水而非土壤。也就是說，柳樹不是依靠土而是依靠水的物質長大的。

這個實驗雖然有意思，但是結論錯了吧？植物是依靠光合作用獲取養分的啊。

是啊。但是這個時期人們還不知道光合作用啊。

包括我在內。

即使結論是錯誤的，也要蒐集實驗的結果。

這個時期原子論變得十分重要，與牛頓的力學一起影響了機械性世界觀。

是啊！

定量　機械性

原子論

牛頓的力學

海爾蒙特所做的實驗都很有趣，還有一個有名的實驗是關於生物是如何產生的。

例如，為什麼會有小狗和小鴨呢？

哦，我只知道小狗是母狗生的，小鴨是母鴨生的……

那麼所有的生物都是母親生的嗎？雖然現代人都知道這個常識性問題的答案，

但是在過去那個時代，人們根本就不知道生物是從哪裡來的，

所以會相信水邊的樹會生出鴨子、池塘的石頭縫裡蹦出了青蛙。

生物學系統健全之後，人們只知道高等動物是母親生的，

對於像昆蟲這類的低等生物，人們仍然相信是自然產生的。

這在學術上稱為「自然發生說」*。且在中世紀以後仍然沒有改變。

海爾蒙特想要證明自然發生說的理論，於是他又做了一個實驗。

★關於自然發生說，請參考第四冊第186頁。

把一件被汗水浸溼、髒兮兮的襯衫和糧食放在一起21天。

之後，海爾蒙特在裡面發現了老鼠。

45

當時，這個實驗讓海爾蒙特認為老鼠是從髒襯衫中產生的。

唉⋯⋯

吱吱

這個實驗比較偏向「在某種條件下才會產生生物」的理論，而不是自然發生說。

爸爸？

媽媽？

我們支持自然發生說的實驗並接受批評，

也接受之後進行的其他生物發生實驗的評價。

啊！他要起來了。

快一點說完，否則他又要開始自言自語了。

我還是把他帶走吧，再見！

再見！

嘿！

好了，接著由我來向大家介紹為德國化學工業貢獻巨大的應用化學家。

格勞勃
(西元1604～1670)

46

聽說您從未接受過學校正規教育？

嗯，我不想學……

那您是如何成為科學家的？

這個……不算什麼啦。我在歐洲各地奔走謀生，從中獲得了許多知識。

我學習了帕拉塞爾蘇斯的醫化學和阿格里科拉★的鍊金術。

但是聽說您原本相信鍊金術，後來放棄轉而專注研究化學，對嗎？

唉，那不算什麼，不喜歡就不要做吧。

★關於阿格里科拉的故事，請參考第三冊第182頁。

聽說您買了阿姆斯特丹一位鍊金術士的房子，並改裝成化學實驗室？

人們說這是從「鍊金術時代」轉變成「科學時代」的象徵性事件。

唉，這不算什麼。我只是剛好需要實驗室而已。

那麼,您做過哪些實驗呢?

其實也沒有什麼。主要是蒸餾動植物和礦物,

還製作了火爐和蒸餾器等化學器具。

為了改良醫藥品、油漆、玻璃、陶瓷、葡萄酒的製造工藝而努力研究。

哇,真是多樣化啊。

當時的德國剛剛結束了30年戰爭*,整個國家都荒廢了。

★30年戰爭(1618～1648):由於德意志內部新教諸侯國與天主教諸侯國之間的對立,引發歐洲最大的宗教戰爭。

為了活用資源和經濟自立,也為了活化化學工業,

我主要是做應用於產業的化學實驗。

48

我還在阿姆斯特丹建了工廠，主要生產硫酸、硝酸、苯、丙酮等物質。

所以人們稱您為「近代工業化學的始祖」啊。

唉，其實也沒什麼，是大家高估我了。

嗯，聽說您發現了硫酸鈉[1]？

唉，其實也沒什麼。我是從硝酸鉀[2]和硫黃中提取醋酸的過程中，發現了硫酸鈉。

1 硫酸鈉：主要用於玻璃、染料稀釋劑、分析化學試劑、醫藥品等。　2 硝酸鉀：溶於水，與可燃性物質混合會爆炸。

硫酸鈉可製作止瀉藥、利尿劑，也多用於染色，受到人們的廣泛喜愛。

所以人們把它稱為「神奇的鹽」，或是「格勞勃鹽」。

原來如此啊。

好啦，那我就……

嗯？您要去哪裡？

唉，其實也沒有什麼。我打算繼續做實驗。

您真是太勤勞、太偉大了。

真想向您學習。

其實也沒有什麼。勤勞也不一定是好事，唉，如果你知道我是怎樣死去的……

因長時間接觸砷、銻*之類的重金屬和有毒氣體，最終死於上述物質引起的疾病。

啊？那……那您要小心一點啊。

★銻：帶有銀白色光澤金屬元素，主要用於製造低熔點合金、半導體光電元件和銻化合物等。

唉，其實也沒有什麼，人活著終有一死啊。

辛苦您了。

科學家廢寢忘食的工作態度很讓人佩服，對吧？

我還知道有人得了憂鬱症還堅持潛心研究科學。

他就是羅伯特‧波以耳。

我一生的願望就是健康。

羅伯特‧波以耳
(西元1627～1691)

因為從小身體虛弱，一生都要嚴格控制飲食。

為了活下去，不論味道如何……

大部分實驗都傳承給我的助手。

其中也有我。

羅伯特‧虎克*

★關於羅伯特‧虎克的故事，請參考本書第156頁。

我出生在英國最富有的貴族家庭，是家中第十四個孩子。

真多啊。

老九，吃飯啦。

哈哈哈哈哈

我剛剛吃過了。

我衣食無憂，有很多時間潛心研究科學。

唉，就是身體不太健康……

咳咳

這樣就很幸運了。

你不知道有多少人沒飯吃呢！

咳咳……家裡有錢就可以接受最好的教育。

我跟家庭教師學習了法語和拉丁語，

還曾在伊頓公學★上學。

★伊頓公學：英國亨利六世國王所建的最大私立學院。

但是英國發生清教徒革命★，我到歐洲避難，去到荷蘭、法國、瑞士、義大利等地。

尤其是在義大利佛羅倫斯，受到伽利略研究的影響。

可是這個時期伽利略老師已經去世了……

★清教徒革命（1642年）：主張專制王權的英國國王查理一世，因稅收問題而引發的內戰。

這個時期我得知了托里切利[1]和格里克[2]的實驗，

我對托里切利的真空實驗十分感興趣，決定親自試一試。

在虎克的協助下，改良格里克發明的空氣幫浦。

眼神真的很憂鬱⋯⋯

1. 關於托里切利的故事，請參考第四冊第139頁。　2. 關於格里克的故事，請參考第四冊第152頁。

我在四層建築的牆壁外固定長長的玻璃管，從頂點用空氣幫浦打水，結果水在10.8公尺時就不再上升了。

這是真的啊。

你的好奇心真強⋯⋯

咳咳

我把實驗的內容整理成書⋯⋯

關於空氣彈性及其物理力學的新實驗

這本書出版後的第二年，就出現了其他書籍反駁我的理論。

太不像話了！

咳咳

耶穌會神父霍布斯

空氣這麼輕，怎麼可能把水銀提高到76公分高？

在我看來，水銀柱並不是借助空氣的壓力，

而是玻璃管上方有一根看不見的繩子，拉高水銀柱的高度而已。

堵住玻璃管的開口並倒立在手指上，可以感覺到手指被玻璃管吸進去，

這就是證據。

怎麼樣？有什麼話要說？

我欣然接受你的挑戰！

呵呵

哈哈

嗖～

你要怎麼做？

如果要反駁你的理論，是不是就要提出比大氣壓力更重要的事呢？

咳咳

我立刻準備一個新的實驗。首先準備一個 J 形玻璃管。

聽到了嗎？

一點也不好玩。

長的一端為3公尺，接著堵住短的一端。

咳咳

從上方分次倒入水銀，第一次先倒這麼多……

讓短的一端留一些空氣。

之後，再倒入一些水銀，使短的一端空氣繼續減少。

再倒入一些水銀試試看。倒滿！

其實，這個實驗的困難處在於找不到地方放3公尺高的玻璃管，

你好

只能打穿樓板做實驗。

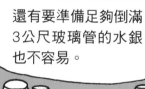

還有要準備足夠倒滿3公尺玻璃管的水銀也不容易。

玻璃管也很易碎，若有破損，不僅要重新製作，還要重新準備水銀……真是困難重重。

辛苦的又不是你……還不是我們這些助手做的。

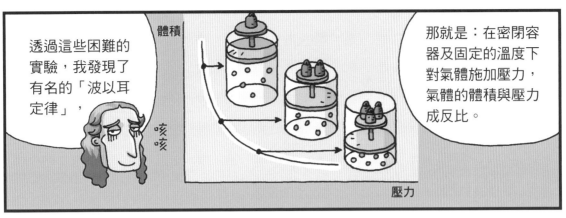

透過這些困難的實驗，我發現了有名的「波以耳定律」，

咳咳

那就是：在密閉容器及固定的溫度下對氣體施加壓力，氣體的體積與壓力成反比。

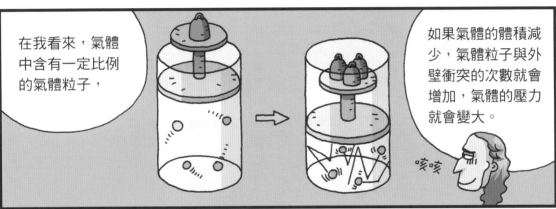

在我看來，氣體中含有一定比例的氣體粒子，

如果氣體的體積減少，氣體粒子與外壁衝突的次數就會增加，氣體的壓力就會變大。

咳咳

這項定律不僅充分反駁了霍布斯的批判，

也影響了其他科學家。

咳咳

這項定律說明了上述現象，也說明了我支持原子論。

接著，我要藉由《懷疑派化學家》這本書，向大家介紹我所支持的原子論。

嗯，跟伽利略的書★一樣，這本書也是用主角間對話的形式。

★關於伽利略的書《天文對話》，請參考第四冊第87頁。

是啊。下面將出場四位主角，

我是卡爾內阿德斯，這是我的朋友埃勒麥阿迪斯，還有支持亞里斯多德「四元素說」的瑟米斯蒂厄斯，及支持帕拉塞爾蘇斯「三元素說」的斐勞波諾斯。

我說的是火、水、土、空氣！

不是，是硫黃、鹽、水銀！

……

卡爾內阿德斯，你快勸勸他們吧。

瑟米斯蒂厄斯　斐勞波諾斯

卡爾內阿德斯　埃勒麥阿迪斯

我覺得我們得整理一下元素的概念。

大家聽我說。

你們說的元素太抽象了。

那怎麼辦？

我們要先根據能不能被火、酸、鹼分解，來判斷是否為元素。

就像我們不了解的原子，它無法再分解……

原子

神賜予我們許多的元素，無論是三元素說還是四元素說，一定還有更多我們所不知道的其他微粒子。

三元素說

四元素說

切！伽利略的書也是這樣，就算以對話形式闡述，也只闡述自己的想法！

對啊，真是很委屈呢。

呵呵！委屈？我的理論顯示了許多可能性。

如果你相信帕拉塞爾蘇斯的三元素說，

希望你可以分解金子，並提煉出水銀、硫黃、鹽。

如果實驗成功，材料和實驗費用全都由我支付。

我的錢很多。

但是！失敗的時候當然也要接受懲罰，對吧？

我說錯了嗎？

呃……

可以問您一個問題嗎？

啊！當然。

剛才您提到的「原子」和「元素」，到底有什麼差異呢？

對啊，我都有點搞糊塗了。

什麼？你們連這個都不知道？好好學學吧！

不知道才問啊！

哎喲！我要走了，快被你們煩死了。

您別想就這麼走掉。

……

沒辦法。我也分不清楚啊……

我查查看再跟你說，哈。

這是什麼書啊？

這是21世紀出版的百科辭典。

上面寫了什麼？

這個……這個嘛……元素是指物質最基本的成分。

就像氫氣、碳、鈉，只具有一種成分，

用一般化學方法*無法分離出別的成分，這就是元素。

★化學方法：以化學性質的差異分離物質，例如：沉澱反應、酸鹼中和。

21世紀發現了100多種元素。

哦，一位叫瑪麗·居里的人發現了兩種新的元素，並獲得兩次諾貝爾獎。

太令人羨慕了！

太偉大了。

您怎麼岔開話題了？

元素與原子有什麼不同呢？

嗯？

啊，對了。你是問元素與原子有什麼不同。

我得快點找。

呼嚕嚕

元素是由一種原子組成，

雖然原子也不能進行化學分割，但是和元素不同的地方在於它可以用數量表示，

比如我們可以說氫氣的原子有兩個。

隨著科學發展，人們還發現原子可以分為中子、電子等。

其實，原子就是化學反應中不可再分割的元素的一個微粒。

我們平時使用的一些物質也是由原子組合而成的……

鹽　水　石頭

比如二氧化碳是由一個碳原子和兩個氧原子結合而成的，化學名稱就是「CO_2」。

C 碳　＋　O 氧　＋　O 氧

O　O
C

CO_2 二氧化碳

嗯，我剛才說的元素與單質的概念相近⋯⋯

什麼是單質啊？

單質⋯⋯我看看，由單一元素形成的純物質⋯⋯

其實由單一元素構成的單質元素不只一個。

比如說用氧元素既可構成O_2氧氣，也可構成O_3臭氧⋯⋯

氧 + 氧 → O_2 氧氣

氧 + 氧 + 氧 → O_3 臭氧

雖然我的元素概念有些模糊，

但和那個時期的元素定義比起來，已經有很大的進步了⋯⋯

嚇我一跳！幹麼這麼大聲。

根據我的元素概念，人們在18世紀後期又發展了分析化學！

我知道了。

哇！這真是一本好書，對吧？

你也看看吧！

我要複製這部分內容，給我的同好看看。

等等，您還沒有講完呢。

啊，我還沒有講完。嗯……除此之外我還做過許多實驗。

我認為身為科學家就必須竭盡全力做實驗並蒐集相關的資料。

所以，就像之前說的，我利用空氣幫浦做了許多實驗。

要靈活運用之前做過的實驗。

切！明明都是助手在做。

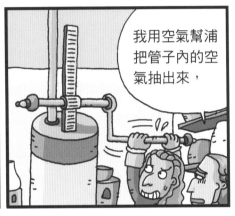

我用空氣幫浦把管子內的空氣抽出來，

再讓兩個不同物體從管子上方落下，結果兩者同時到達底部。

這再次證明了伽利略的實驗★，即所有物體按照相同的速度落下。

把一隻貓放在玻璃管內，抽出裡面的空氣，

觀察貓在玻璃管內瞬間窒息死亡的過程……

真是太殘忍了……

★關於伽利略的自由落體實驗，請參考第四冊第134頁。

我還觀察到熱水在真空中會突然沸騰。

這個實驗證明大氣壓力會影響水的沸點，壓力降低，沸點也降低。

您做了好多實驗啊！

當然。但是做這些實驗並不容易。

因為那個時代的英國非常混亂，

當時發生了清教徒革命，我的領地也差點被奪走。

越困難的情況下，越要潛心做研究。

我組織了一個聚會，名叫「無形學院」，

並在聚會中討論各種問題……

伽利略……

托里切利……

哈維……

鍊金術……

每個人對學問的熱情都不相同。

這個聚會後來成為皇家學會，對科學發展有重大的影響。

無形學院

哎喲！這本書上說，這個學會到21世紀還存在，

成為這個學會的會員是學者最高的榮譽！

您就不能小聲一點嗎？

不是身體不好嗎？怎麼聲音還這麼大……

嘿嘿！

這裡寫的「牛角實驗」是什麼？

啊，這個嘛……

有人聽到傳聞，說把牛角研磨成粉，

用牛角粉圍成一個圈，在圓圈內放一隻蜘蛛，

蜘蛛就不會爬出這個圓圈。

我們「無形學院」的會員思維很敏銳，

想要知道原因，就會立刻付諸行動。

你去抓一隻蜘蛛。

我家裡有一個牛角杯。

那麼實驗的結果是？

這個嘛，蜘蛛馬上就從牛角圈中爬出來了。

別小看我。

是啊，是啊。

哈哈，真是一個搞笑的實驗。

我們可以從這些瑣碎的實驗中，

增加學問，也發展現代科學。

裡面還說了什麼？

知道了，知道了。您可以小聲一點嗎？

那麼，現代化學都是以波以耳的原子論為基礎進行研究，對嗎？

呃，這是不同的問題……

就像我剛剛所說的，這個時期的化學技術還不足以解釋物質的基本元素，

所以我發表的原子理論沒有運用到下個世紀。

換句話說就是實驗沒有成功。

但是15世紀以後，持續發現和製作出新的化學物質，

而這些物質被廣泛應用於商業和工業，

所以我們更要說明這些物質的性質。

快找出應用於工商業的理論！

所以化學家又開始研究原子論。

該怎麼做呢？

燃燒是最重要的現象。不論進行化學實驗、煉製，或是生活中物質發生變化的過程中都經常看到。

哎呀，好燙！

嗯，以硫黃的性質而言。

硫黃在火中燃燒的現象，不論誰都會觀察到同樣的性質。

大部分的物質都會燃燒。

劈哩啪啦

因此有學者認為物質中是含有水和火花的，

這個人就是德國醫學家及化學家貝歇爾。

大家好！

貝歇爾
(西元1635～1682)

哦，請不要忘記介紹我也是重商主義者。

什麼是重商主義者？

哦，重商主義就是為了增加國家收入，扶持工商業的政策。

我曾在德國美茵茨選帝侯*的宮廷擔任皇室的私人醫生，

也曾擔任過奧地利的經濟顧問，提出了實踐重商主義的可能性。

★選帝侯：指有權選出羅馬國王和神聖羅馬帝國皇帝的諸侯，此制度嚴重削弱了皇權，加速德意志的政治分裂。

我還提出了建立技術中心、改革教育及東洋貿易公司等產業發展的建議。

其中，我最想做的是把多瑙河的河沙鍊成金子。

因為我相信鍊金術。

你想想看，這麼多的河沙如果都鍊成金子，我們國家會多麼富有啊？

話雖如此，聽說最終還是失敗了，對吧？

呃，這個嘛。我也不清楚為什麼沒有成功。總之，我覺得奧地利已經不適合我居住了。

因為我受到威脅。

只能逃亡到英國。

你為什麼還相信鍊金術……

奧地利

哦，我不是完全相信鍊金術，我還是有獨特的研究。

首先，我不受古代「四元素說」和帕拉塞爾蘇斯「三元素說」的影響，

古代四元素說

帕拉塞爾蘇斯三元素說

根據我的研究成果，我認為空氣、水、泥土才是最基本的元素。

泥土具有三種性質……

地下的自然學

分別為：具有玻璃性質的「玻璃狀土」，

用這種泥土可以製作陶瓷。

劈哩啪啦

在火中可以燃燒的「油狀土」，

以及具有揮發性、光澤性及流動性的「流質土」。

油狀土具有鍊金術中硫的燃燒性質。

燃燒留下的灰燼都是成分最簡單的物質。

我把這種物質稱為「燃素硫」。

「燃素」在希臘語中是火花的意思。

如果物體中有很多燃素硫，就會充分燃燒。

劈哩啪啦

這種成分在充分燃燒後就會失去原有的性質。

這是因為透過燃燒，物體的溫度會越來越高，而充分燃燒的過程中，物體會發出劈哩啪啦的聲音。

所以會產生火花。

物體燃燒成灰便喪失了燃素硫。

哦，是的。我把理論傳承給學生施塔爾*，並發展為「燃素說」。

燃素說形成於18世紀初，是解釋燃燒現象甚至整個化學的學說。

★關於施塔爾的故事，請參考本書第179頁。

那麼，身為化學家，您只有這項成就嗎？

哦，那可不。還有很多呢！

我在酒精和硫酸中發現了乙烯，

在煤炭中發現了焦炭*和焦油。

★焦炭：煤炭加熱後，主要成分就消失了，剩下的多孔固體碳燃料就是焦炭。

我最滿意的成績是從海沙中提取金子，

以及出版了一本鍊金術和化學家製作器具所需的《鍊金術的三腳架》。

看來您真的很喜歡鍊金術。

哦，總之從這個時代到18世紀末，化學研究主要停留在燃燒過程。

之後，出現了一位反對燃素說的先驅，名叫梅猷。

說我嗎？

梅猷
（西元1640～1679）

我出生在英國倫敦，通曉法學、醫學和化學。

我花很多心力在研究燃素現象，而反對燃素說的理由是……

哦，理由是什麼？我好想知道。

是因為燃素說與我所做的實驗結果不一致。

怎麼不一致？到底是什麼實驗啊？

我把一根燃燒的蠟燭放在水上，再把一個燒瓶倒扣在燃燒的蠟燭上，

這時，蠟燭熄滅了，又發現燒瓶內的水位略有上升，

這樣一來，我就更想知道燒瓶內剩下的空氣能不能讓物體燃燒。

所以我把類似硫黃的易燃物質放在懸掛在燒瓶內的小碟子裡，

再把太陽光都聚集到易燃物質上，

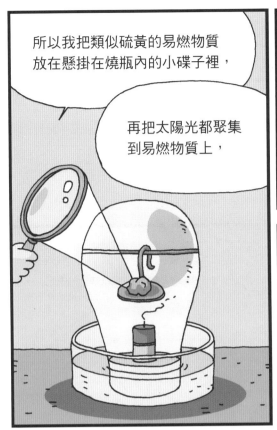

一般情況下，物質會燃燒，但是燒瓶內的物質沒有燃燒，只是部分熔化而已。

所以我得出了結論：瓶內雖然有讓物體燃燒的物質，

但是當空氣燃燒殆盡後，物體就無法燃燒。

我還發現即使沒有空氣也會發生燃燒現象。

我做了一個燃燒實驗……

將混合木炭、硫黃、硝石製作出的火藥放在真空的燒瓶中，

再把陽光聚集到火藥上。這一次火藥沒有冒煙，更沒有燃燒。

我認為硝石中有一種物質與空氣中引起燃燒的成分相同，

我把這種成分叫作「硝氣粒」。

這個成分非常重要，它可以維持燃燒。

同樣身為醫生的我，在研究動物的呼吸時發現，

如果動物的肺無法吸收硝氣粒，就不能存活。

→ 如果沒有空氣，就會死掉。

那個硝氣粒是不是氧氣？

是的。100年後安托萬－洛朗·德·拉瓦錫*也發現了這個成分，並將它命名為「氧氣」。

★安托萬－洛朗·德·拉瓦錫：法國化學家。

總之，硝氣粒的實驗證明了：氧並不是由燃素硫所產生的。

這能不能扭轉燃素說呢？

哦，有可能。

在當時，硝氣粒和原子論的發現並沒有受到重視，燃素說一直占有主導地位。

那麼，之後我們再繼續了解燃素吧。

哦，好的。其實燃素也有獨特的意義。

科學革命
數學

計算龐大的數字

望遠鏡促使了天文學和……

航海術等科學快速發展。

需要計算的數據越來越多，也越來越複雜。

怎麼算也算不完啊。

在我死之前能算完嗎？

除了數值計算，數學最重要的特徵是：

天文

航海

工學

戰爭

讓計算更快、更準確。

你把船停在那裡，是想等算完這些再開船嗎？

你是想等算完這些再觀察星象嗎？

你是想等戰爭結束後……

總之，你們快點吧!!

為了克服這些狀況，人們開始使用阿拉伯數字和小數，

以及用新的計算技術發明了對數。

對數的概念最早出現在史迪飛*的書中。

★史迪飛：16世紀德國數學家，他在著作《整數算術》提出對數的概念。

73

蘇格蘭數學家納皮爾就是在研究天文學時，為了簡化計算而發明了對數。

就是我。

納皮爾
(西元1550～1617)

納皮爾出身於蘇格蘭愛丁堡附近梅奇斯頓鎮的貴族家庭。

我在聖安德魯斯大學學習，曾到法國留學，雖然沒畢業……

納皮爾的想像力非常豐富。

他還畫過許多未來武器的設計圖，寫過未來武器的預言書。

我預言，未來將會有一種武器，威力大到能消滅附近所有的生物。

未來也會出現在水裡使用的武器，

以及朝同一個方向發射的戰車。

這些預言就是後來發展出來的導彈、潛水艇、坦克。

有一次，納皮爾發現家裡的東西不斷被偷……

你們這些僕人聽好了，如果你們之中有小偷，

我會用這隻大公雞找出這個小偷。

我把這隻大公雞放在雞舍裡，

你們都去雞舍摸一下大公雞的背。

於是僕人輪流進到黑漆漆的雞舍，摸了摸大公雞的背。

其實，納皮爾偷偷的在大公雞的背上刷了一層顏料，

沒有偷東西的人，因為摸了大公雞的背，雙手染上了顏色。

偷東西的人害怕被認出來，就沒有摸大公雞的背，

所以他的雙手沒有顏料。納皮爾一眼就認出了誰是小偷。

你就是小偷！

啊呃！

納皮爾看到院子裡種的糧食被鄰居家的鴿子啄食，氣憤的向鄰居抗議。

要是再讓鴿子亂跑，我就把牠們全部抓起來。

切！你要怎麼抓我家的鴿子？有本事就抓吧！

咕咕

第二天，當鄰居看到納皮爾把東倒西歪的鴿子一隻隻放入大袋子中時，他大吃一驚。

啊！這是怎麼回事？

我警告過你了。

納皮爾把浸泡過酒的豆子撒在院子，鴿子吃了這些豆子就醉倒了。

納皮爾用鹽驅蟲、用螺旋槳引水灌溉，使田地肥沃。

因為他獨創的行動，別人都認為納皮爾精神異常或者是魔術師。

呃……他到底是個怎樣的人啊？

然而納皮爾最熱中的領域是爭論政治和宗教。

我是新教徒，所以我討厭教皇，反對教會的權威！

我也討厭你！

太激動了。我需要休息一下。

是啊。你要冷靜啊。

咦，你不是說要休息嗎？怎麼又在看書了？

對我來說，研究科學和數學才是最好的休息。

他為了天文學而開始研究數學。

我喜歡天文學，但是天文學的計算太複雜了，

所以我花了20年研究簡單的計算方法。

啊，20年？有什麼進展嗎？

當然。透過研究我得出：同底數相乘，底數不變，指數相加。

加法比乘法容易多了。

呵呵，是啊。

$$a^x \times a^y = a^{x+y}$$

底數、指數

$$2^2 \times 2^3 = 2^{2+3} = 2^5 = 32$$

哦，是這樣的。對數的計算方法同樣是：同底數相乘，底數不變，指數相加。

3.5665x2.6547用對數的方法進行計算時：

→3.5665以10為底可記作$10^{0.55224}$

→2.6547以10為底可記作$10^{0.42402}$

也就是說用$10^{0.55224} \times 10^{0.42402}$來替換，因同底數相乘即指數相加，

→$10^{0.55224+0.42402}$

→$10^{0.97626}$

→得出這個數：$10^{0.97626}$

若不用對數表示，結果為9.46804，也就是說3.5665x2.6547=9.46804

雖然現代已改用電腦和計算機進行複雜的運算，

但在過去，對數表縮短了人們運算的時間。

在對數發明的200年後，有一個名叫皮埃爾·西蒙·拉普拉斯*的人把對數運用到天文學，解決了很多難題。

★皮埃爾·西蒙·拉普拉斯：18世紀法國天文學家及數學家。

納皮爾還製作可以幫助乘法運算的簡易木棒。

用於乘法運算的木棒

比如，237乘以6的情況。我們可以找出2、3、7開頭的木棒，

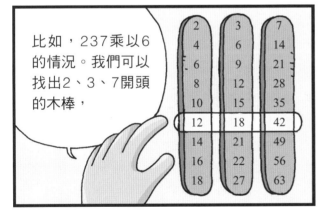

再把這些木棒的第6排數字按照位數排好，就找出結果。

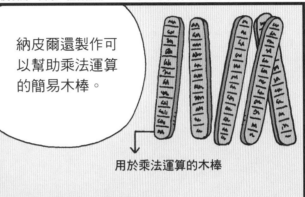

納皮爾還創造了小數的現代標記法，

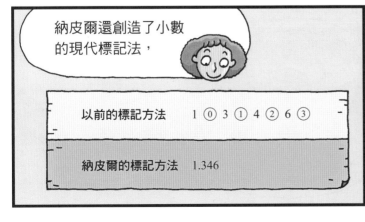

| 以前的標記方法 | 1 ⓪ 3 ① 4 ② 6 ③ |
| 納皮爾的標記方法 | 1.346 |

在數學的歷史中，納皮爾被公認為具有創造性的學者。

要記得我哦。

接著要向大家介紹的學者是這個時代相當具影響力的數學家，

他不僅首次提出了對數符號，還把對數引進義大利。

我出生於義大利米蘭。

卡瓦列里
(西元1598～1647)

卡瓦列里在15歲時成為修道士。

是耶穌會的修道士。

啊，是這樣的。他對幾何學很感興趣。成為伽利略的學生之後，又對天文學產生興趣，

呃，這是為什麼呢？

★耶穌會：天主教會內的一個修道團體。

啊，是的，是這樣……你在說什麼啊？

我說：我那時候為什麼會對天文學感興趣呢？為什麼會成為伽利略的學生呢？

為什麼呢？嗯？

什麼意思啊？你不是一直在研究數學和天文學嗎？

這個嘛，我為什麼這麼努力的研究呢？

在數學領域中，卡瓦列里最大的貢獻是1635年發表的「不可分量法」。

不可分量法是微積分的前身。

哎喲，聽不懂啊。

不可分量法

微積分

這裡要說一下什麼是微分和積分。

微分的意思是：細微的分開，

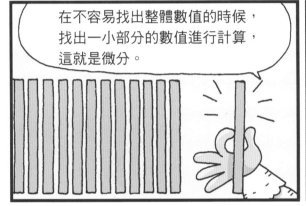

在不容易找出整體數值的時候，找出一小部分的數值進行計算，這就是微分。

積分的意思是：把分開的部分再次聚集起來。

這樣的計算方法萌芽於古希臘時代。

還記得我的「求分求積法」嗎？把一個圓分成多個小三角形。

我也有。

阿基米德[1]

克卜勒[2]

1. 關於阿基米德及求分求積法的故事，請參考第二冊第26及30頁。　2. 關於克卜勒的故事，請參考第四冊第66頁。

卡瓦列里繼承了前輩的思想，他認為寬度或體積無限小的部分可以被無數的聚集起來。

我那時怎麼會有那樣的想法呢？

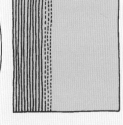

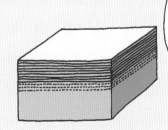

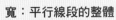

寬：平行線段的整體　　體積：平行平面的整體

81

所以面積和高度相等的兩個立體圖形，體積也相同。

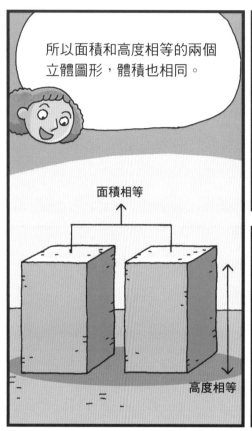

面積相等

高度相等

把相同的卡片如圖所示堆在一起，

兩堆相同形狀的圖形，體積一樣嗎？

如果卡片沒有堆好，變成這個樣子的話，

咔嚓

卡片的體積會發生變化嗎？

嗯？卡片為什麼會變成這樣？

喂，卡瓦列里，不要問那麼多問題。

為什麼？

真難搞。我知道了，以後你別亂插手。

為什麼這麼難搞？

唉，總之形狀發生變化的卡片，體積應該也相同吧。高度沒有不同，平面也沒有不同……

把這兩堆卡片以平行的方向從中間攔腰截斷，

嘿

剩下部分的體積也是一樣的。

卡瓦列里原理就是：以平行的方向攔腰截斷後，兩個立體圖形的橫截面積及高度皆相同，體積也相同。

橫截面積相同，高度相同

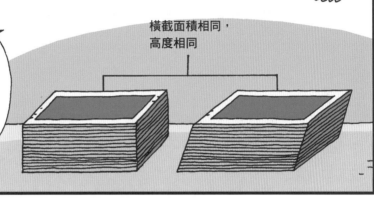

這項原理適用於不同形狀的立體圖形，

因此成為了表現圖形、體積的基本原理。

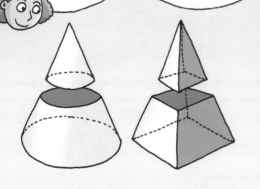

①橫截面積相同
②高度相同
③兩個立體圖形的體積相同

因為這項原理，

卡瓦列里在微積分出現之前，就知道了圓錐體的橫截面是圓柱體橫截面的 $\frac{1}{3}$。

1 : 3

這種計算方法經過巴斯卡的修正，再經過牛頓和萊布尼茨發展成為現代微積分。

微積分

那麼，我們先認識一下巴斯卡吧！

真是的，妳不覺得奇怪嗎？

難道不是嗎？喂！妳要去哪兒？

我要向大家介紹一個人。巴斯卡，您在哪裡？

喂喂！

巴斯卡？原來您在這裡啊。

啊，是的。妳……妳找我？

大吃一驚

我想介紹一下您在數學方面的貢獻。

唉，其實不用介紹我……

你們今天怎麼都不好好配合？

是吧？怎麼會這樣呢？

真不體諒別人，哼！

我要開始介紹了。

怎麼生氣了呢？

你們不要打擾我。

好的，知道了。

巴斯卡3歲時就失去了母親，身體也很虛弱。

不准上學

不准讀書

為了讓他專心觀察自然現象，在他很小的時候，我就把家裡的書都拿走了。

哇，真是一位好父親。

按照父親的意願，巴斯卡在12歲時從來沒有學過數學和科學。

不知道是否因為越接觸不到的事物越容易引起興趣。

幾何學到底是什麼？為什麼不讓我學呢？

真是用心良苦啊。

他自己證明了幾何學的幾種題目。

啊，你在做什麼？

我……我只是在紙上畫了一個三角形。

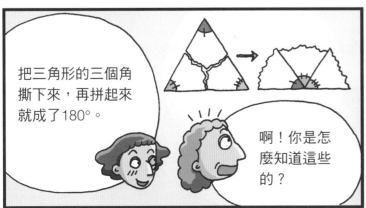

把三角形的三個角撕下來，再拼起來就成了180°。

啊！你是怎麼知道這些的？

原來不一定要讀書才會懂。孩子，你想看看這個嗎？

歐幾里德幾何學

得知巴斯卡已經讀過這本書，父親大吃一驚，

你已經讀過了？

很簡單啊！

巴斯卡14歲時，父親開始帶他參加各種數學家聚會。

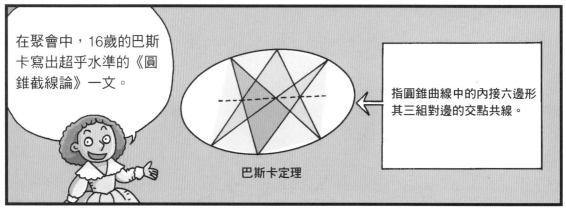

在聚會中，16歲的巴斯卡寫出超乎水準的《圓錐截線論》一文。

巴斯卡定理

指圓錐曲線中的內接六邊形其三組對邊的交點共線。

這是投影幾何學的基本定理之一。

投影幾何學是指立體圖形在平面上呈現透視效果後，

與長度或角度大小等無關，且性質也沒有變化的一種學問。

大家看到巴斯卡寫的這篇論文都很驚訝。

這絕對不可能是16歲孩子寫出來的。

老實說，是不是你父親幫你寫的？

你到底是誰啊？

笛卡兒★

★關於笛卡兒的故事，請參考第四冊第19頁。

20歲出頭的巴斯卡已經小有名氣，大家稱他為「天才」。

17歲時，他運用圓錐截線的定理證明了400多個數學題。

聽說他還製作了計算機，是吧？

然而巴斯卡身體虛弱，常有病痛，

哎呀！我20歲的時候在幹什麼？

咳咳

因此他轉而研究人類存在的意義，偶爾才研究數學和科學。

人類什麼都可以做。

不是的！人類是一種非常虛弱的存在。

呼咪呼咪

即使在這苦悶當中，也還是發表了數學理論，讓人們大為驚嘆。

數　學

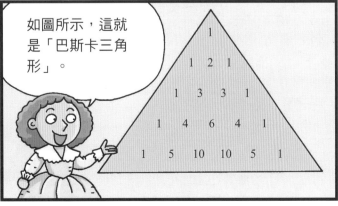

如圖所示，這就是「巴斯卡三角形」。

$$
\begin{array}{ccccccccc}
 & & & & 1 & & & & \\
 & & & 1 & & 1 & & & \\
 & & 1 & & 2 & & 1 & & \\
 & 1 & & 3 & & 3 & & 1 & \\
1 & & 4 & & 6 & & 4 & & 1 \\
\end{array}
$$
1　5　10　10　5　1

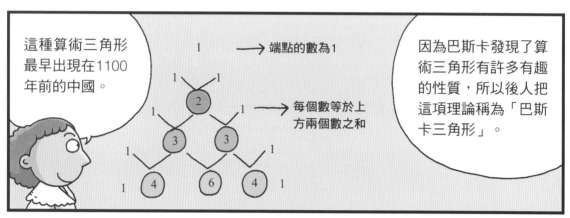

這種算術三角形最早出現在1100年前的中國。

端點的數為1

每個數等於上方兩個數之和

因為巴斯卡發現了算術三角形有許多有趣的性質，所以後人把這項理論稱為「巴斯卡三角形」。

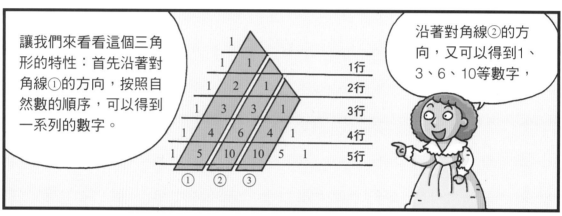

讓我們來看看這個三角形的特性：首先沿著對角線①的方向，按照自然數的順序，可以得到一系列的數字。

1行
2行
3行
4行
5行
①②③

沿著對角線②的方向，又可以得到1、3、6、10等數字，

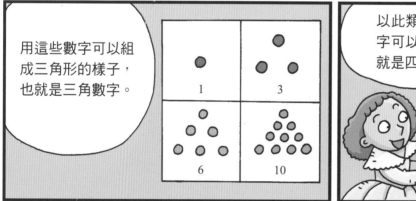

用這些數字可以組成三角形的樣子，也就是三角數字。

1　3　6　10

以此類推，對角線③的數字可以組成正四面體，也就是四面體數字。

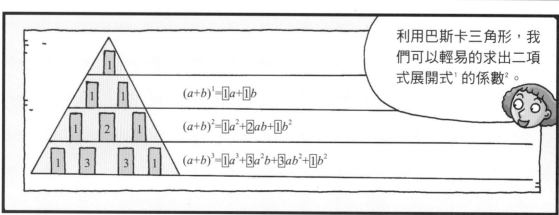

利用巴斯卡三角形，我們可以輕易的求出二項式展開式[1]的係數[2]。

$(a+b)^1 = \boxed{1}a + \boxed{1}b$

$(a+b)^2 = \boxed{1}a^2 + \boxed{2}ab + \boxed{1}b^2$

$(a+b)^3 = \boxed{1}a^3 + \boxed{3}a^2b + \boxed{3}ab^2 + \boxed{1}b^2$

1. 二項式展開式：二項式(a+b)ⁿ展開所得到的式子。　2. 係數：代數式中，與未知數相乘的數字。

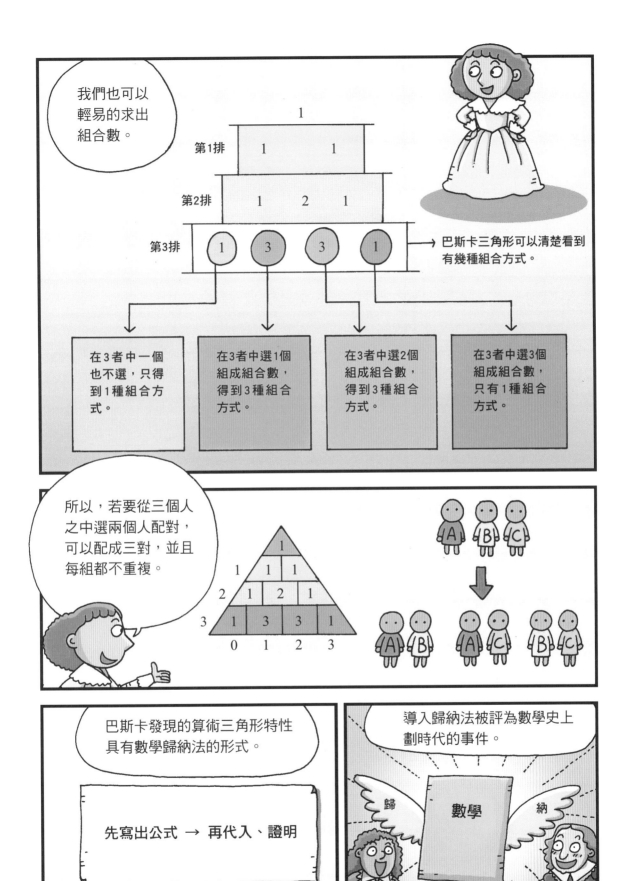

我們也可以輕易的求出組合數。

第1排　1　1

第2排　1　2　1

第3排　1　3　3　1

→ 巴斯卡三角形可以清楚看到有幾種組合方式。

在3者中一個也不選,只得到1種組合方式。

在3者中選1個組成組合數,得到3種組合方式。

在3者中選2個組成組合數,得到3種組合方式。

在3者中選3個組成組合數,只有1種組合方式。

所以,若要從三個人之中選兩個人配對,可以配成三對,並且每組都不重複。

A　B　C

A　B　　A　C　　B　C

巴斯卡發現的算術三角形特性具有數學歸納法的形式。

先寫出公式 → 再代入、證明

導入歸納法被評為數學史上劃時代的事件。

歸　數學　納

這樣就可以用歸納法解決所有自然數的數學題目。

這個時期，巴斯卡還建立了機率理論的基礎。

之前認識的賭徒梅雷寫了一封信給我。

題目

題目

自然數

內容是這樣的：

我的朋友，你好。這段時間我過得一點也不好，有個問題要請你幫忙。我和朋友各出32金幣打賭，

如果有人能贏三次，64金幣就全歸他。

但是我贏了兩次，朋友贏了一次，

最後因為我拉肚子，賭博無法進行下去，

那這64金幣的賭注應該怎麼分呢？

我可是誠實的賭徒，這個問題不解決，我就不舒服，請幫我這個忙吧。哎喲，我的肚子……

大致就是這樣。

處理這類事情有點棘手，

但是苦中作樂也不錯，讓我試試吧。

謝謝你，那麼你的解決方法是？

A表示梅雷，B表示梅雷的朋友，

如果賭局繼續，下一局是A贏的話，就是A:B=3:1，

贏3次的A當然可以獲得64金幣。

但如果下一局是B贏了，就是2:2，那麼兩個人應該平分，對吧？

對啊。

那麼無論下一局A是否贏了，都應該分得32金幣。

先確保這些錢！

剩下的32金幣要根據下一局的輸贏來決定。

下一局的賭博，A和B贏的機率各為$\frac{1}{2}$，

所以剩下的32金幣可以平分。

因此梅雷可以拿(32+16)金幣，B可以拿16金幣。

梅雷，你贏了這麼多錢，一定要請我吃飯啊。

哦，太了不起了。我一定會請你吃飯的。

48

16

巴斯卡寫信告訴兒時的朋友費馬★這件事情。

我是這樣解決問題的，你覺得如何？

費馬用另一種方法解決了相同的問題。

嗯……

★關於費馬的故事，請參考本書第95頁。

如你所知，我也是很忙的，所以簡單說一下吧。

數學家都這副德行嗎？

呼哧呼哧

他說A贏了2次，B贏了1次，那最多還需要再進行2局賭博才能分出勝負。

因此這2局賭博會產生4種組合，

也就是這樣。

其中AA、AB、BA的情況都代表A贏，那麼A贏的機率為 $\frac{3}{4}$；

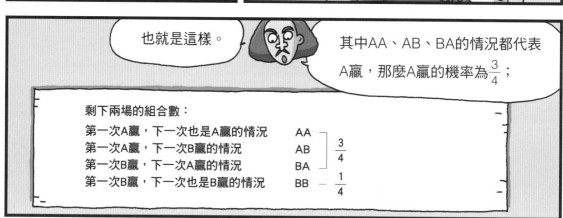

剩下兩場的組合數：

第一次A贏，下一次也是A贏的情況	AA	
第一次A贏，下一次B贏的情況	AB	$\frac{3}{4}$
第一次B贏，下一次A贏的情況	BA	
第一次B贏，下一次也是B贏的情況	BB	$\frac{1}{4}$

B贏的組合只有BB這種，所以B贏的機率是 $\frac{1}{4}$，

也就是A要拿64金幣的 $\frac{3}{4}$，B拿 $\frac{1}{4}$。

哇！你真是太棒了。

因為巴斯卡和費馬用不同的方法解決了問題，

所以兩個人都被世人評為建立機率論的大功臣。

機率

比起數學的其他領域，機率系統化的發展很慢。

然而機率最具代表性的工具——骰子，在很久之前就被拿來運用。

當時的骰子作為擲筊使用，

菜單
炸醬麵
海鮮拉麵

請告訴我今天應該吃什麼。

分析機率這件事被認為是拆穿神的旨意，相當不敬，

所以理論發展當然會慢一點。

感謝賭徒對賭博的執著，得以讓骰子正名。

所以，拉普拉斯曾說：「始於研究賭博的科學，竟然成為人類知識中最重要的學科，這無疑是令人驚訝的事情。」

卡爾達諾★

哎喲，別這麼說啊，賭博也有好的地方。

★關於卡爾達諾的故事，請參考第三冊第147頁。

致力於數學研究的巴斯卡有一天搭乘馬車時發生意外。

馬掙脫了韁繩！我差點掉進河裡！

驚嚇之餘，他奇蹟般的活了下來。

哎呀……

他回想發生事故的原因……

啊，也許是我最近太專注科學和數學的研究。

我認為大難不死必有後福，也是神明對我的警告，

於是放棄科學，轉而研究神學。

巴斯卡從此再也沒有研究數學，除了中間發生的一個插曲。

有一天晚上，巴斯卡牙齒很痛。他想用思考擺線曲線*來忽略牙痛。

病痛時還在思考？真不愧是天才！

★關於擺線曲線，請參考第四冊第162頁。

結果真的不痛了。我認為這次的研究是神明允許的。

你所信奉的神明可真善變……

我研究了8天。

仔細研究了卡瓦列里不可分量法的計算。

研究結果證實，利用擺線曲線可以解決許多問題。

然而諸多原因使得巴斯卡越來越虛弱，

病痛

人類存在的苦悶

信仰

哎喲

他把房子給了度日艱難的親戚，寄居在姊姊家裡，

年僅39歲就去世了。

終於可以從人生的苦痛中解脫。大家，再見了！

巴斯卡＊的數學才能十分卓越，是數學歷史上傑出的人物。

他真的是太有名了……

★關於更多關於巴斯卡的故事，請參考第四冊第146頁。

接下來再向大家介紹另一位數學學者。

他正是和巴斯卡一起研究機率論的費馬。

我可是很忙的，能不能講快一點？

請過來。

費馬
(西元1601～1665)

費馬曾當過律師和圖盧茲議會的議員。

喂，沒有時間了。

費馬律師辦公室

費馬只學過行政，從來沒有接受過數學的特別教育，

30歲之前，他並不確定是否真的對數學有興趣。

然而，當時已成為法官的費馬為了維持公正，沒有與別人太親近。

幫幫忙好不好？我們的關係不是很好嗎？

這種人怎麼這麼多？看來該斷絕社交了。那要如何消磨時間呢？

我讀了戴奧弗多斯的《算數》後，對數學產生了興趣，但是也只在閒暇時研究。

因為他在數學研究有不少貢獻，人們稱他為「業餘的王子」。

我可以走了吧？

費馬討厭抽象概念的數學論證。

當然了，我很忙的。如果每件事都要論證，那得耗費多少時間啊。

反正數學對我來說只是興趣，沒必要透過論證得到世人的評價。

所以他也不想發表研究成果。

當然了！發表了還要向別人解釋，如果別人還有問題……

哎呀，想想都覺得煩！

總之，費馬對整理數學理論一點興趣都沒有。

他只想解決自己的疑惑。

哈哈哈，終於解開了。

真的嗎？你的研究資料在哪裡啊？

哦？這個嘛，可能在那邊的垃圾桶裡吧。

哎呀！這麼寶貴的東西……

有幾位數學家想把費馬的研究整理成書。

你怎麼這樣？

求求你了，讓我出版成書吧，好嗎？

怎麼都丟到垃圾桶了？

……不要。

如果你們想把這些資料整理成書，絕不要用真名，要用假名。

他還這樣要求。

那就用M. P. E. A. S這個名字……

與別人交換意見時，大多以書信的形式進行。

因為書信可以用最簡約的文字記錄研究結果。

當然！我沒有時間寫那麼多字。

除了書信，他還把計算結果直接寫在看過的書的角落，

這些結果在他死後才被發現，因此也失去某些研究的優先發表權。

例如：解析幾何學★。

雖然笛卡兒獲得了解析幾何學的優先發表權，

但是笛卡兒的解析幾何學是平面的，費馬卻是立體的。

★解析幾何學：又稱為「座標幾何」，是以解析式進行圖形研究的幾何學分支。

費馬比牛頓還早發現微積分的計算方法。

他是不是也把資料丟到垃圾桶了？

雖然有點遺憾沒有成為第一位發現者，但數學只是我的興趣。喂，我能不能先走啊？

那我們就快點介紹。請你不要妨礙我！

讓我們來看費馬的其他功績。他把微分的概念應用到光學，根據光的波長找到了最小的傳播路徑，這就是他發現的「費馬原理★」。

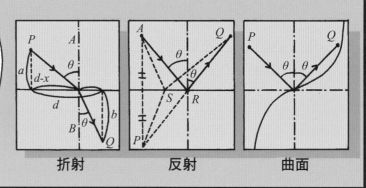

折射　　　反射　　　曲面

★費馬原理：是指光在任意介質中從一點傳播到另一點時，會沿所需時間最短的路徑傳播，又稱「最小時間原理」或「極短光程原理」。

98

費馬還對數論的發展做出巨大的貢獻。

小數數列
（費馬小定理）

費馬大定理
np-n的定理

n=2的戴奧弗多斯
方程式解答定理

關於4n+1形小數的
平方數之和的定理

呼啦啦

大家還記得畢達哥拉斯發現的「親和數★」嗎？

220的約數：1、2、4、5、10、11、
20、22、44、55、110
把220的約數全部相加等於284
284的約數：1、2、4、71、142
把284的約數全部相加等於220

也就是說：如果兩個數中任一個數都是另一個數的約數之和，這兩個數就是親和數。

★關於畢達哥拉斯的故事及「親和數」，請參考第一冊第147及149頁。

人們認為親和數是具有魔力的數字，所以許多年輕人認為它有魔法。

戀人常把這兩個數字寫在護身符上，認為可以維持良好而持久的愛情。

親愛的，給你！

在畢達哥拉斯之後，很久都沒有人發現其他親和數。

但是費馬卻發現了一對新的親和數。

17296

18416

這不是什麼深奧的發現，卻點燃了重新尋找親和數的希望，

這也是費馬熱愛數學的證據。

第三對親和數「9363584」和「9437056」是我發現的。

笛卡兒

費馬最重要的貢獻是「費馬大定理」。

這是從費馬看過的書的空白處發現的。

設n是大於2的整數，則方程$x^n+y^n=z^n$沒有滿足$XYZ \neq 0$的整數解。

以上的問題，我發現了令人吃驚的證明方法。但是因為空白不夠，所以沒有記錄下來。

他只留下了幾句話。

怎麼可以這樣！這真是太讓人好奇了。哎呀，哎呀！

數學家為了解開這個疑問而傷透腦筋。

別再從垃圾桶裡找了，沒有用的。

哎呀！我真的很想知道。如果書中空白位置能再多一些……

之後300多年，有許多數學家嘗試解開這個題目，但都失敗了。

好吧。我提供高額獎金給解開這個難題的人！

即使這樣，也沒有人能解開啊。

到了20世紀後半，這項難題仍未被解決，許多數學家為此得了憂鬱症和失眠症。

證明費馬大定理的過程也是重要的事件。

就像是費馬死後留下了大謎語似的。

嗯，死人是不會回答的。

嘿嘿。

雖然當時數學的發展速度緩慢，無法證明費馬大定理，

但是幾千年後的人也無法輕易理解這位天才數學家的思想。

是啊。那麼，我可以走了吧？

是的，可以了。17世紀的數學就介紹到這裡。

哎呀，我真是太忙了，太忙了！

這個時期出現了很多數學天才。介紹起來有點多……

後面我還會向大家介紹牛頓等著名的學者。

科學革命
物理學
進步的機械裝置

這個時期的產業主要利用水力。

例如：利用水力轉動製作紡線的機器。

製作紙張的工廠也會用到水力。

當時的法國打算建造一個大規模抽水裝置。

我們先製作小裝置來實驗，測試是否能自動轉動。

有個青年提出想把塞納河的河水引入凡爾賽宮。

花費7年的時間製作的抽水裝置上裝了14個直徑12公尺的水車。

這個裝置在塞納河中的高度為16公尺，

一天抽水量可以達到3000平方公尺。

與一般不到10馬力的水車相比，

這部水車可以達到75馬力★。

★馬力：單位時間內一匹馬可以作的功率。

義大利建築師布蘭卡為了轉換蒸汽能源並使用於機械裝置，

發明了蒸汽輪機。

布蘭卡
(西元1571～1640)

在古希臘時期，海龍★發明的「汽轉球」是蒸汽輪機的雛形。

★關於海龍的故事，請參考第一冊第34頁。

其實我是發明了轉動機械的葉輪機，它長這樣。

蒸汽

蒸汽

主要用在打磨礦石或研磨麵粉。

為了讓這種蒸汽輪機更實用，人們做了許多改良。

增加實用性就可以賺大錢了！

嗯，要不要把管道改寬一點？

我覺得要多加一些葉輪。

不對，應該是要修改葉輪吧？

這個時期，人們越來越重視大炮。

大炮一開始只用來嚇馬匹或摧毀城牆，

現在主要作為攻擊性武器，增強了軍隊中炮兵的實力。

為了製作更好的大炮，冶金術也跟著發展。

可以隨意變換方向。還安裝了車輪，在戰場上使用更便利。

原先焊接鐵管的尾部製作而成，

使用10次以上，炮身就會損壞，需要改進製作技術，

後來發現用黃銅和青銅製造的大炮更耐用。

104

到了17世紀，人們將大炮的用途進行分類。

這是在山上發射的大炮！

這是在平原上使用的大炮！

什麼是堡壘砲臺？

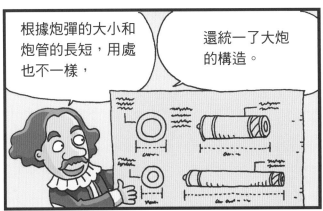

根據炮彈的大小和炮管的長短，用處也不一樣，

還統一了大炮的構造。

發展了機械製造的技術，就不需要再手工製作機械了。

一位名叫W. 李的英國人在仔細觀察妻子織毛線後，

發明了織補衣物的機械。

這是最早的縫紉機吧。

然而，在當時並沒有被使用，

1825年經過法國的蒂莫尼埃改良後，才製造出81台縫紉機，首次量產了軍裝。

【番外篇】文明的發展及國家的形成

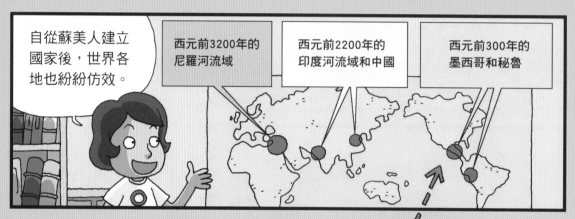

自從蘇美人建立國家後，世界各地也紛紛仿效。

西元前3200年的尼羅河流域

西元前2200年的印度河流域和中國

西元前300年的墨西哥和秘魯

看看這是什麼？世界文明應該是從美索不達米亞發源的吧？

你為什麼會這麼認為？

你看，離蘇美文明最近的尼羅河流域很早就建立了國家。

之後，在遙遠的印度和中國，以及墨西哥和秘魯才建立了國家啊。

我們只能認為美索不達米亞的文明及國家制度傳到了其他地方。

距離遠，發展就會慢一些……

這就是假定文明傳播的「傳播論」學說。

這個學說簡單說明了國家產生的順序。

所有國家發展初期都很相似。

這些國家都使用車輪吧？有文字了吧？製造青銅器了吧？……會建城池、國王的墓地留給後人，都一模一樣！這都是傳播的功勞！

埃及　美索不達米亞　商朝

然而「傳播論」並沒有說服力。

喂！只要人們聚集久了，自然會發展出車輪、城池的。

人只要聚集在一起，人口密度增加了，自然會形成國家……

有的國家因為善於餵養牲畜，人口越來越多。

我們如果沒有羊和牛，就會死掉。

有的國家善於治水和改良穀物的種植方法，人口也越來越多。

我們認為農業是十分重要的……

美索不達米亞沒有的穀物和牲畜，卻在中國被大量種植或飼養，

高粱

東亞和西亞的水牛

你還認為這是「傳播」的作用嗎？

為什麼不說其他地區的人也可能自立發展呢？

嗯？

這個……我只是覺得文明「傳播論」也是一種學說而已。

其實距離遙遠、環境不同的國家是很難相互影響的。

雖然我們並沒有找到獨自發展的證據，

但是美洲大陸的文明如果不是獨立發展，就無法解釋它悠久的農業技術了。

7000年前就開始種植豆類和南瓜了！

雖然新大陸被發現的時間比舊大陸晚，但是卻以穩定的步伐發展文明，

所以，我們在看到新大陸文明的同時，能確實感覺到歷史發展也在某地重演。對我們來說，這是個巨大的歷史課題。

接下來要介紹更多科學革命的著名學者喔！
故事非常精采，你們準備好了嗎？

2

科學革命新思想：
邁向近代的啟蒙運動

當時的理論家都很擁護國王的權力。

君王就是神的代理人。

所以我們還是不要隨便打擾國王。

這就是「君權神授」，意指君權就是神的旨意。

「君權神授」可以帶給人們安慰。

為什麼啊？

好好想想～

歐洲曾發生過100多年的宗教戰爭，這讓歐洲陷入了內戰一樣的混亂狀態。

像我們這樣的人，無論誰來統治都無所謂，

如果是神認可的英雄來當國王，至少不會被別人瞧不起。

如果沒有戰爭，我們是不是會過著安定又和平的生活？

★路易十四：法國國王，自稱「太陽王」。

★普魯士：歐洲歷史地名，位於德意志北部，通常指1701～1871年間的普魯士王國，是德意志境內最強大的邦國。

科學革命
重要人物①
艾薩克·牛頓

牛頓出生於英國英格蘭林肯郡伍爾索普的伍爾索普莊園。

牛頓出生前3個月，他的父親才剛去世。

真是個可憐的孩子。

艾薩克·牛頓
(西元1643～1727)

由於早產的關係，牛頓十分瘦小，醫生都說他活不久。

牛頓3歲時，母親改嫁，把牛頓託付給外祖母。

唉，太可憐了。

媽媽在哪裡？

我要媽媽。

這個孩子怎麼有點孤僻？

我討厭媽媽，

我要用火燒了他們的房子。

激烈的反抗啊！

家人想讓他繼承農場，但是這個孩子卻不願意。

他老是在想別的事情，連牛跑了都不知道。

牛頓讓家人傷透了腦筋……

問題兒童協助會議

該拿他怎麼辦啊？

家人接受了建議送牛頓去學校，

為了確保你能有一定的收入，你去上學吧！

學成之後一定要成為法律專家，知道嗎？

我試試看吧。

1661年在劍橋大學求學的牛頓，

牛頓上大學了，是不是很了不起呢？

有什麼了不起的……

—— 可憐的孩子。

辜負了家人對他的期待。

法律書籍真是太無聊了。

我倒是挺喜歡這個的。

笛卡兒的幾何學？機械哲學？嗯，挺有意思的。

波以耳*的化學？實驗和結果？嗯，這個也挺有意思。

★關於波以耳的故事，請參考本書第48頁。

這個又是什麼？鍊金術？神祕主義？嗯，滿有趣的。

牛頓接觸到的書籍是科學革命的基礎知識。

牛頓刻苦學習到了廢寢忘食的地步，甚至把自己養的小貓也當成研究對象。

1665年，牛頓取得了學位，但是學校為了預防黑死病而關閉，於是他回家鄉待了兩年。

黑死病？哼！我一點也不害怕。

大學關門了，只能回家。唉～

我要繼續我的研究。嗯！

這個時期也是牛頓一生中的黃金時期。

牛頓的眾多成就之中，核心理論是微積分學、光學、力學原理等。

什麼啊？蘋果！幹麼掉下來影響我睡午覺！

哼！難道連蘋果也討厭我？

黑死病過後，1667年牛頓又回到倫敦，成為劍橋大學特別研究員，

之後，受到一位教授賞識。在他的幫助下牛頓也成了大學教授。

沒有啦，他只是認識我而已。哼！

牛頓第一次上課的內容是關於光學的。

1663年，他就開始學習克卜勒和笛卡兒的折射光學理論了，

為什麼是光學呢？因為這個時期牛頓在光學研究上已經小有名氣了。

他還設計了很多光學研究用工具，例如鏡片、稜鏡、鏡子、望遠鏡、顯微鏡等。

需要準備的東西有很多呢，哼！

牛頓還熟悉鏡片研磨法，打算改良望遠鏡。

這時的望遠鏡使用凸透鏡來製作，但是有兩個大問題。

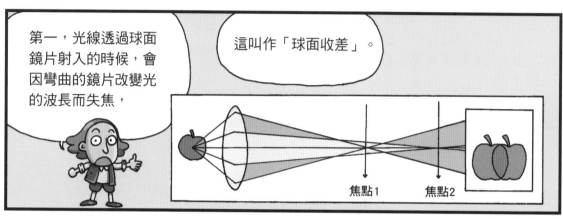

第一，光線透過球面鏡片射入的時候，會因彎曲的鏡片改變光的波長而失焦，

這叫作「球面收差」。

焦點1　　焦點2

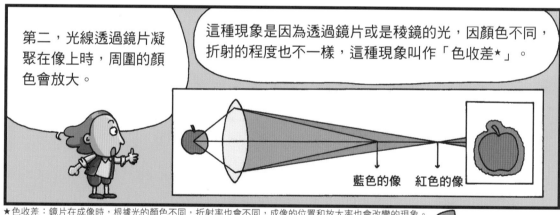

第二，光線透過鏡片凝聚在像上時，周圍的顏色會放大。

這種現象是因為透過鏡片或是稜鏡的光，因顏色不同，折射的程度也不一樣，這種現象叫作「色收差★」。

藍色的像　紅色的像

★色收差：鏡片在成像時，根據光的顏色不同，折射率也會不同，成像的位置和放大率也會改變的現象。

只有解決這兩大問題，才能製作好用的望遠鏡。

如果能找到去除折射效果的方法……

哼！可以利用鏡子來解決。雖然鏡子的成像也是光，但原理不是折射而是反射，就可以解決色收差與球面收差的問題。

我終於在1668年利用曲面鏡找到放大遠處物體的方法，

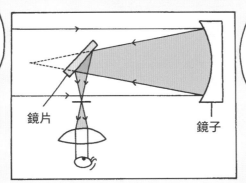

鏡片

鏡子

製成了直徑為15公分、40倍率的反射望遠鏡。這種望遠鏡沒有色收差和球面收差，非常受天文學家的喜愛。

哎呀，其實我還研究了光的多種性質，

首先是這個！用望遠鏡來觀察，我發現星星周圍有彩虹光的圓。

星星越亮，圓的光就越清晰。

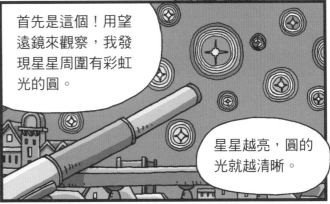

有時候還會妨礙到觀測天體。

其他天文學家認為這是望遠鏡鏡片的問題。

鏡片髒了嗎？

我卻不這麼認為。萬一這種現象不是鏡片而是光產生的呢？

什麼？

從凸透鏡最薄的側面看去，會顯示近似三角形的形狀。於是我想到了三角形。

我用三角形狀的玻璃進行實驗。

還記得第四冊我曾介紹過的三稜鏡實驗★嗎？

★關於牛頓的三稜鏡實驗，請參考第四冊第169頁。

在這項實驗中，稜鏡壁面產生的彩虹「光譜帶」，拉丁語中有「影像、鬼魂」之意。

不過我認為光譜帶的產生不是因為稜鏡，

而是因為太陽光線結合多種顏色後，就變成無色光。

那麼，這些顏色有什麼不同呢？

為什麼無色的太陽光透過稜鏡時，又會被分離呢？

我認為只能用光的「粒子說★」說明。從光的發源處顯現粒子時，

粒子相互結合變成其他形態和顏色。

我們是紅色的。

我們是黃色的。

★關於粒子說，請參考第四冊第167頁。

稜鏡中多色光線被折射，因折射程度不同，呈現出的顏色也不同。

紅色的光：折射程度最小。

紫色的光：折射程度最大。

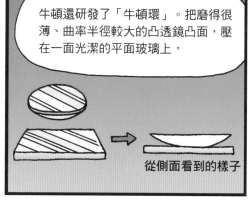

牛頓還研發了「牛頓環」。把磨得很薄、曲率半徑較大的凸透鏡凸面，壓在一面光潔的平面玻璃上，

從側面看到的樣子

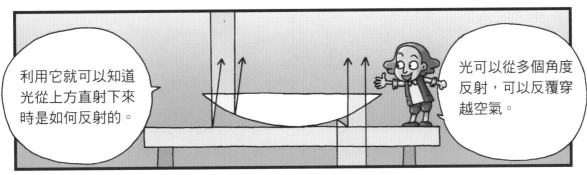

利用它就可以知道光從上方直射下來時是如何反射的。

光可以從多個角度反射，可以反覆穿越空氣。

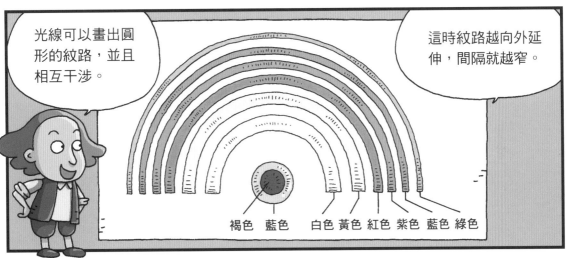

光線可以畫出圓形的紋路，並且相互干涉。

這時紋路越向外延伸，間隔就越窄。

褐色 藍色　白色 黃色 紅色 紫色 藍色 綠色

我綜合了光的實驗結果和粒子說，

在皇家學會出版《光和顏色的新理論》。

嘿嘿！終於出版了。

光和顏色的新理論

虎克

在皇家學會中，強勢的虎克*對我百般挑剔。

真不像話！你過來，我要跟你談一下。

……

我是個溫和的男人。吵架爭論不符合我的性格。

你的理論是錯的！

★關於虎克的故事，請參考本書第156頁。

123

我可是很怕衝突的……

……

呼咪呼咪

還是安靜的走開吧。

哼！你們都不喜歡我～

牛頓以此為契機退出了學術界，開始埋頭研究。

哼！我要是再出一本書，那個人又要搬弄是非了。

牛頓確實無法忍受別人唱反調。

並於1704年出版了關於光學的研究內容。

光學

虎克死後，牛頓成為了皇家學會的會長。

沒有是非的人生真好！

但不幸的是，牛頓再次捲入了其他研究領域的糾紛。

糾紛

與光學幾乎同一時期的數學研究也是如此。

牛頓在1666年發明了微積分。

哼！我取的名字是「流率法」！

微積分

124

牛頓認為只有他有能力發明這理論，也不想在外界發表。

哼！要是某人知道又要生氣了。

人們在1704年才發現微積分的內容。

在此期間，德國的哲學家萊布尼茨也發明了微積分。

......

微積分

萊布尼茨在1674年發明了微積分的概念，並向英國皇家學會匯報。

哦？這個概念牛頓好像已經發明了......

萊布尼茨大吃一驚，他發表了研究微積分的詳細過程。

你好好看看這個啊啊啊啊啊啊啊！

牛頓認為萊布尼茨發明微積分是獨立完成的。

切！跟我沒關係～

於是大家認定萊布尼茨是微積分的發明者。

往後的10年，除了英國之外的歐洲各地也普及了萊布尼茨的微積分法。

微積分
萊布尼茨

最終人們認為微積分由牛頓發明，而萊布尼茨先發表了研究成果。

發明者

發表者

有一天，英國數學家約翰·卡爾發表了萊布尼茨剽竊牛頓研究成果的言論。

什麼？

你有什麼證據啊？

我是對的。明明是牛頓先發明微積分的。

沒有發表的學問誰會知道呢？你有證據嗎？其實是牛頓剽竊我的研究吧。

微積分由誰發明的論爭最終演變為愛國的爭鬥。

牛頓可是我們英國皇家學會的會長！

可笑！萊布尼茨還是德國柏林科學學會的會長呢～

英國

德國

學術界也分成兩派，進行激辯。

呼味呼味

原本兩位關係還不錯的學者也起了嫌隙，成為仇家，

你的追隨者說話太過分了……

哼！你的追隨者也不怎麼樣～

這場爭論在萊布尼茨死後才得以結束。

其實牛頓的微積分側重於時間的變化，

而萊布尼茨的微積分側重於變數★等系統性知識。

微積分

★變數：代數式中，沒有固定的值、可以改變的數。

我們至今仍沿用萊布尼茨的微積分用語、形式和記號等。

而不認可萊布尼茨微積分的英國，

在數學發展上遠落後其他國家100多年。

牛頓還專注於研究事物的運動，說明了力學基礎的三個運動法則。

而在等速運動中的物體趨向於保持等速狀態。

靜止狀態的物體趨向於保持靜止狀態。

輕輕一推，會動一點點。

用力一推，會走很遠。

噢！

呼啦

撞牆←

開槍←

砰！

→彈回來

→槍托回彈

第一法則
處於某一狀態的物體會趨向於保持這一狀態。

第二法則
物體的運動根據施加的力而改變。

第三法則
所有的力都有反作用力，即力的反作用。

發表運動法則沒多久，牛頓就經歷了有名的「落下來的蘋果」事件。

為什麼蘋果會掉下來呢？

根據運動法則，靜止的物體趨向於保持靜止狀態。

第一法則

那麼，是什麼力讓蘋果掉下來呢？

嗯，根據運動法則這倒是正確的，那到底是什麼力呢？

牛頓就從運動第三法則去推論這個疑問。

他想起了地球的神祕力量。

嗯，蘋果每天都會掉落到地上吧！

切！你見過掉到天上的蘋果嗎？

這種神祕的力量或許是地球牽引的力量。

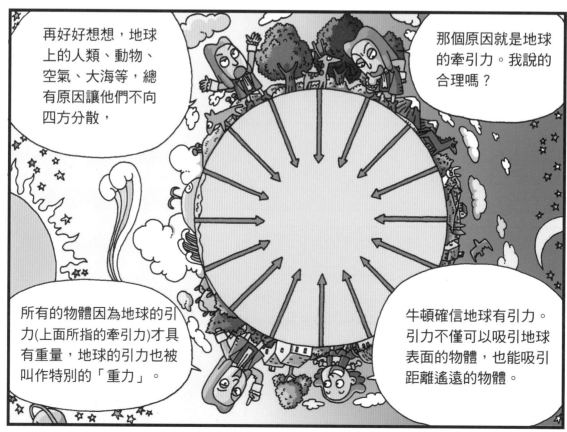

再好好想想，地球上的人類、動物、空氣、大海等，總有原因讓他們不向四方分散，

那個原因就是地球的牽引力。我說的合理嗎？

所有的物體因為地球的引力(上面所指的牽引力)才具有重量，地球的引力也被叫作特別的「重力」。

牛頓確信地球有引力。引力不僅可以吸引地球表面的物體，也能吸引距離遙遠的物體。

好吧，比如月亮！

讓我們來觀察月亮，它是不是與蘋果樹上結的蘋果有點類似？但是月亮距離我們更遠，對吧？

就像蘋果會落下，月亮也應該會掉下來。那月亮為什麼不會掉下來呢？

牛頓想透過想像實驗來解決這個問題。

你們知道嗎？物理學有時會無法實際做實驗。

根據牛頓的想法，月亮就像一顆拋出去的球，

拋出去的球會向前飛一陣子然後落地。

這是因為地球的引力。

如果我們快速的把球丟出去，會怎麼樣呢？

讓我們試試以每小時30,000公里的速度丟出去，會怎麼樣？

那麼，地球的引力依然使球落向下方，

因為地球是圓形的，球在落下時會快速的滾動。雖然球會一直往地面落下，但是絕不會落到地面上。

嘎——

我們再發揮一下想像力,如果把球拋向宇宙的空間。

跟地球相比,宇宙空間的引力更小。

沒有空氣或摩擦,速度也不會變慢,球會一直圍繞著地球周圍轉動嗎?

把球換成月亮,雖然理論上月亮也應該落到地球上,

但是月亮的速度非常快,會繼續圍繞在地球周圍旋轉。

我們再來說一個重要的事實。

旋轉中的人生。

引力不僅存在於地球之中。事實上宇宙萬物都具有引力。

我也有引力。

這隻螞蟻也有引力啊。

我也有引力,只不過我太小了感覺不到。

想要感受到引力,最少要數十億噸重。

像月亮那麼大才能感覺到引力。

人類可以觀察到月亮的引力,比如因為月亮的引力海水有漲潮和退潮。

然而月亮的引力比地球小,所以才會圍繞著地球旋轉。

繼續旋轉中的人生。

相同的是，地球的引力比太陽的小，所以地球繞著太陽轉。

我也有旋轉的人生。

世間萬物都有引力的概念就是「萬有引力」的法則。

現在我們可以用萬有引力解開過去解不開的科學問題。

哥白尼★

有人問地球繞太陽公轉為什麼不會掉下去，這個問題讓人頭疼。

我也苦惱無法解釋行星到達太陽附近時旋轉速度會加快，以及公轉軌道為橢圓形等問題。

克卜勒★

★關於哥白尼與克卜勒的故事，請參考第三冊第137頁及第四冊第66頁。

現在這些問題是不是都解決了？

切！別哭了，真沒禮貌。

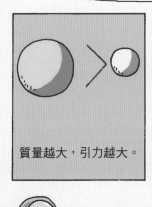

「萬有引力定律」就是：物體間的引力與質量的乘積成正比，與距離的平方成反比。

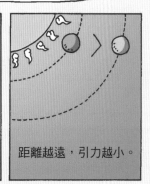

質量越大，引力越大。

距離越遠，引力越小。

牛頓還找到了這項法則的數學特性，

$$F = G \frac{mM}{r^2}$$

G：萬有引力常數
mM：物體質量的乘積
r：物體間的距離

在這段時間內，牛頓還是沒有公佈研究成果，

和以往一樣，抱著謹慎的態度。

虎克用這項定律解釋了行星的運動。

雖然虎克解釋了行星的運動，

但是他沒有解決這項定律的數學性證明。

雖然我和虎克一起研究，但還是無法解決。

哈雷★

★艾德蒙・哈雷：英國天文、地理、數學、氣象及物理學家。

有一天，哈雷聽說牛頓已經解決了這個問題。

切！你說什麼啊？快走吧。

我……我是那種沒解決問題就睡不著的人。請您告訴我，好嗎？可以嗎？

哼，什麼呀？

我聽說您用萬有引力定律找出了行星運動理論……

您能告訴我嗎？

切！連這麼簡單的問題都不會嗎？

哼！用微積分就可以簡單解決。微積分是可以測出變化率的計算方法。

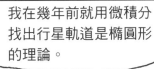

我在幾年前就用微積分找出行星軌道是橢圓形的理論。

太偉大了！

哈雷偷走天文學家約翰‧佛蘭斯蒂德★的觀測資料並出版。

★關於佛蘭斯蒂德的故事，請參考第四冊第97頁

這次絕不能留下遺憾。

我要盡快出版這個偉大的發現。

快點，快點，好嗎？

切！我知道了。

最終在哈雷的催促之下，牛頓把20多年從未發表的研究，

快點，快點呀！

切！我又沒在玩。

每天花20個小時，共花了18個月，在1687年出版了《自然哲學的數學原理》。

自然哲學的數學原理

這本書是劃時代的鉅著。不僅是力學的第一部經典，也是人類第一個完整掌握的宇宙論和科學理論。

自然哲學的數學原理

用微積分算出了運動和重力，並促進物理學發展。

引力顯示宇宙中物體彼此相互作用，在運動方面沒有天上和地上的差別，

並清楚的解釋了流體力學★、太陽系的運行、漲潮及退潮等現象。

★流體力學是指研究氣體、液體等流體運動的物理學。

《自然哲學的數學原理》的出版雖然很成功，

切！成了國際名人了啊！

但是這本書太難了，連天文學家讀起來也很吃力。

有些人還對「引力」一詞不屑一顧。

怎麼能叫引力呢？

引力不是鍊金術士或魔術師用的術語嗎？

這不是魔術的特性嗎？

我們科學家不能接受這種有爭議的概念！

牛頓是不是魔術師啊？

這個說法雖然可笑，但也許是牛頓研究過鍊金術，才有這樣的誤會。

《自然哲學的數學原理》出版還讓一個人非常憤怒，

切！又是他。

這個人就是虎克，他也研究過引力。

你盜用了我的想法吧？

你這是剽竊，剽竊！

如果書中有提到虎克對引力研究也有貢獻，

切！太吵了！

他也許就不會這麼生氣了。

你這個冤家！

在光學研究方面，牛頓根本不把虎克放在眼裡。

切！誰叫他要來招惹我？

……

牛頓的性格固執謹慎，甚至有點神經質。

一輩子都沒有結婚，與別人的關係也不好，沒有朋友，

切！你懂什麼？

大家都說很少見到牛頓笑，懷疑他得了憂鬱症。

真不知道他為什麼要學幾何學，真是可笑。

這個人冷冷的。

即使這樣，牛頓還是很包容的，博學多聞的他接受了兩相矛盾的「經驗論」和「唯理論」★。

在《自然哲學的數學原理》中，他以想像力為基礎進行假設理論。

★關於經驗論和唯理論，請參考第四冊第19頁。

在《光學》一書中，他依據實驗結果建立了光學理論。

牛頓雖然研究了粒子說，但是並沒有做出結論。

如果用一句話來概括牛頓的研究，那就是：從眾多現象中尋找規律，

並且使用數學方法再次解釋這些現象，證明它的存在。

雖然後來的科學家也會根據研究結果，歸類經驗或理論中的一種，

但是牛頓的綜合性解決問題方式，給其他領域、用單一方法解決科學難題的人做了良好的示範。

牛頓結合了經驗和理論的方式影響了往後科學家的研究方法。

牛頓以科學家身分，獲得了國家第一個騎士爵位。

「這是對科學家最高的榮譽。」發表進化論的達爾文曾說。

牛頓⋯⋯ 牛頓⋯⋯ 牛頓⋯⋯ 牛頓⋯⋯

牛頓一邊追尋原因和結果，一邊在自然的世界中探險。

他已經處於痴迷的狀態，在自然的氣息中找到所有的規律。

至今還有不計其數的真理像大海中的珍寶，需要我去發掘，

就像是孩子在海邊找貝殼一樣。

然而，牛頓自己卻這樣說。

哼！雖然我不知道別人怎樣評價我⋯⋯

牛頓相信探究真理已經開始了。

真 理

而未來的科學研究會繼續證實牛頓的研究理論。

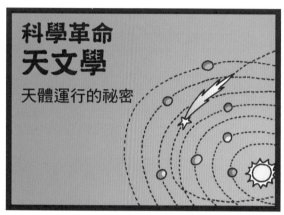

科學革命
天文學
天體運行的祕密

開始用望遠鏡進行天體觀測後,經歷了大約50年,

哇!看得真清楚!!

望遠鏡卻始終只是觀測天體的工具。

直到1658年,惠更斯★利用望遠鏡開發了簡易裝置,能尋找星星的位置。

★關於惠更斯的故事,請參考第四冊第158頁。

這沒什麼。我只是在望遠鏡的物鏡上綁了兩根頭髮,

嘟嘟囔囔

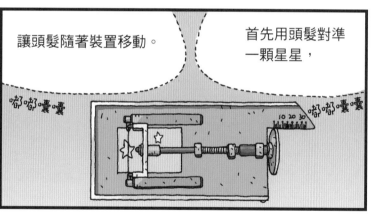

讓頭髮隨著裝置移動。

首先用頭髮對準一顆星星,

嘟嘟囔囔

嘟嘟囔囔

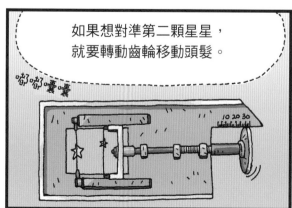

如果想對準第二顆星星,就要轉動齒輪移動頭髮。

嘟嘟囔囔

根據齒輪的旋轉數來測量兩顆星之間的距離和角度。

這個裝置叫作「測微器」。

你別告訴任何人啊。

使用測微器，讓數學也可以應用到天文學測量。

這個時期還出現了一位利用望遠鏡測量地球大小的學者。

皮卡爾
(西元1620～1682)

皮卡爾是法國科學學院的創立委員，

嗨～

是第一個利用望遠鏡測量星星角度的人，

也是第一個精密測量地球周長的人。

測量地球的周長可不容易。

因為地球很大，表面也凹凸不平，無法直接畫線測量。

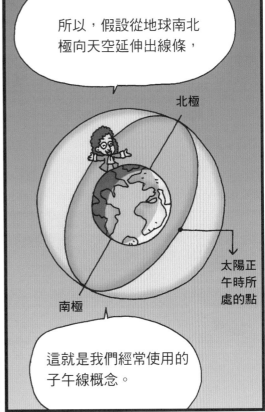

所以，假設從地球南北極向天空延伸出線條，

北極

太陽正午時所處的點

南極

這就是我們經常使用的子午線概念。

139

為了測量地球的周長，

我使用了古希臘埃拉托斯特尼★使用過的三角測量方法。

亞歷山大城

沒有角度

塞恩

★關於埃拉托斯特尼的故事，請參考第二冊第36頁。

這次我們用星星代替太陽來測量地球的周長。

用三角法可以得知地球的半徑。

透過測量，我發現地球不是正圓形，

而是稍微有些膨脹的橢圓形，

該減肥了，看我肚子上的肉……

這項研究影響了牛頓的重力研究。

切！為什麼要減肥？地球是因為自身的重力才會這樣。

這個時期還出現了利用望遠鏡測量光速的人。

天文學家奧勒·羅默出生於丹麥。他在法國國王路易十四底下負責天文相關事務，也曾擔任哥本哈根市長。

奧勒·羅默
(西元1644～1710)

羅默還擔任過哥本哈根天文台台長，

在家裡建了天文觀測室，努力觀測天體。

不分白天、黑夜……不對，白天不能觀測。

他還改良了許多觀測工具。

我有嚴重的頸椎病，是不是也要改良治療頸椎的機器。

有一天，羅默在觀測木星的衛星時，發現光的速度可以測量。

人們認為伽利略是第一個測量光速的人……

光的速度無限快。

比眨眼的工夫還要快。

呵呵，光速可是要經過實驗才能測出的。

伽利略讓助手站在山頂上，並要求他用黑布蓋住手中的燈火。他自己也如此。

準備好了嗎？

是的！

用黑布蓋住燈

之後，伽利略先掀開黑布，

呼～

閃爍

遠處的助手看到亮光後也馬上把黑布掀開，

測量折返燈光的時差，就可以知道光的速度。

閃爍

然而這個方法卻不太適合測量光速。

因為人看到光後的反應時間比光折返的速度慢很多，所以這個測量不合理。

伽利略也承認實驗失敗了。

……

但是，我對光速是無限快卻抱持懷疑的態度！

那你要發表相關的見解才行啊。

而羅默測量光速的方法是他在觀測木星衛星時發現的。

木星有四個代表性的衛星。偶爾會發生衛星被木星擋住，導致觀測不到的現象。

這種現象叫作「衛星蝕」。

卡西尼仔細研究過木星衛星的公轉週期，

根據他的資料可以事先計算看不到衛星的時間是多久。

來找我吧！

但是羅默發現計算結果與觀測結果不一致。

出現了22分鐘的差異。

造成差異的原因是什麼？這讓羅默非常苦惱。

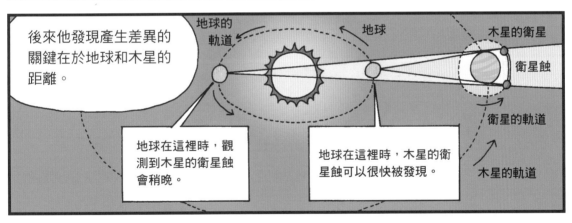

後來他發現產生差異的關鍵在於地球和木星的距離。

地球的軌道

地球

木星的衛星

衛星蝕

衛星的軌道

木星的軌道

地球在這裡時，觀測到木星的衛星蝕會稍晚。

地球在這裡時，木星的衛星蝕可以很快被發現。

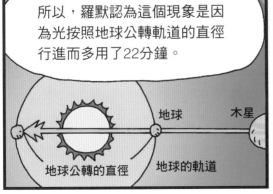

所以，羅默認為這個現象是因為光按照地球公轉軌道的直徑行進而多用了22分鐘。

地球公轉的直徑

地球的軌道

地球

木星

半年後我告訴他地球公轉軌道的半徑為1.5×10^{11}公尺。

惠更斯

嘟嘟

嚶嚶

羅默把地球公轉軌道的直徑分成22等分後，計算出光速為每秒214000公里。

22等分

地球軌道的直徑

其實，現今知道的光速為每秒299796公里。

咻一

一秒可以繞地球7圈半。

雖然羅默測量的結果比實際小很多，

但是這個誤差並不代表羅默的假設是錯誤的，

因為當時天文學界的距離測量本來就不太準確。

以當時的技術來說，這樣的結果已經很讓人驚嘆了。

不過這個證明「光速是有限的」的研究結果並沒有引起大家的關注。

⋯⋯

大約50年後，英國的布拉德雷預測了光行差★，引起了不少人的注意。

布拉德雷
(西元1693〜1762)

布拉德雷時任格林威治皇家天文台第三任台長，

★光行差：因為地球自轉和公轉，天體的位置會與實際位置產生差異的現象。

我制定了觀測恆星的長期計畫。

我不斷的研究，為了證明星星的周年視差★。

因為周年視差是證明地球公轉強而有力的證據。

★周年視差：因地球繞太陽公轉，導致觀測到的恆星位置出現的角度差異。

周年視差可以用來計算各星星之間的距離。

舉例來說，我們畫畫時常會拿出鉛筆放在眼前打量。

閉上單側的眼睛，

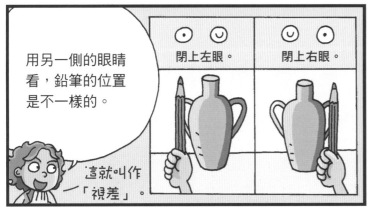

用另一側的眼睛看，鉛筆的位置是不一樣的。

閉上左眼。

閉上右眼。

這就叫作「視差」。

鉛筆離眼睛越近，視差就越大。

所以，大腦綜合了左眼和右眼的視差，

視差越大，距離越近。

因為視差大，所以這個東西離我很近！避開吧……

這樣我們用眼睛就可以測量出與對象之間的距離了。

應用相似的原理，我們可以找到測量距離的方法，這就是「三角測量法」。

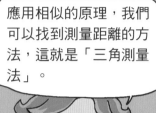

如果從兩個地方觀察同一個目標，視線方向差異越大，說明與目標的距離越近。

A點　　　　　　B點

如果知道兩地之間的距離或視線與目標的角度，就可以計算出與目標的距離。

角度

A　距離　B

如果用這個方法計算星星的距離，

可以利用更遠處一顆星算出角度，

想要觀測的星星　更遠的一顆星

但問題是星星距離我們太遠了，視差也太小了。

即使天文學家想把觀測物放在左右眼，也就是兩點之間最遙遠的距離上，

也還是在地球內。這個距離還太短！

我有一個好辦法！以地球公轉軌道的兩側作為AB兩點，就可以測量出星星的角度。

即使目標距離很遠，也可以看到視差。

146

這個想法讓人們開始研究周年視差。

可惜的是布拉德雷的周年視差測量失敗了。

真的太遠了,根本看不到角度。

結果在1838年,德國天文學家貝塞爾測量出周年視差。

他計算出視差,準確到可以測量40公尺外的頭髮粗細。

嘟嘟嘟嘟

布拉德雷研究周年視差的過程中有幾個重要發現。

若快速向前移動,則會感覺雨滴是從前方傾斜著落下。

同樣的,觀測星星時會因地球公轉,導致星星的位置看起來也因季節變化而不同。

首先他發現了光行差。

光行差就像是在雨中站立不動,會感覺雨滴是垂直落下;

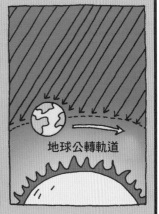
地球公轉軌道

他還發現因為太陽和月亮對地球產生引力，地軸會上下運動的地球章動★理論。

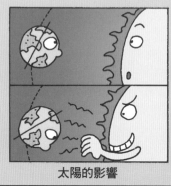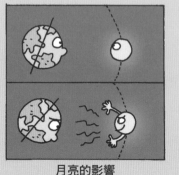

太陽的影響　　　　月亮的影響

★章動：在外力作用下，地球自轉軸不斷發生變化，其中點頭般的週期運動稱為「章動」。

布拉德雷死後，人們發現恆星表中記錄的光行差和章動內容，

他的紀錄是目前精密度最高的，至今仍作為方位天文學★的基礎資料。

★方位天文學：主要研究和測量各類天體的位置、運動和視差。

同一時期，還有應用數學計算而找到的天文學新發現。

當時哈雷為了出版牛頓的《自然哲學的數學原理》而操心，

我激勵牛頓寫作、提供資料、校正原稿、提供出版費用……

並根據牛頓發表的萬有引力理論算出彗星的24個軌道，

你見過這麼照顧朋友的人嗎？

還發現了1531、1607、1682年所出現的3個彗星軌道是相同的，

也就是彗星以相同的週期出現。

每76年出現一次？

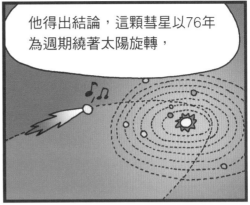

他得出結論，這顆彗星以76年為週期繞著太陽旋轉，

並預言這顆彗星下次出現的日期。

這顆彗星會在1758年再次出現。

雖然哈雷過世得有點早，

但是他的預言準確無誤。

就叫它「哈雷彗星」吧。

哇！真的出現了！

哈雷的發現讓人們擺脫對彗星的茫然恐懼，

確認了彗星週期，讓彗星研究往前邁進。

哈雷彗星每76年出現一次，最近是1986年，下次會在2062年。

科學革命
醫學②
現代化與系統化的醫學

雖然這個時期的研究風氣有所改變，

但是醫生仍用雙手診療……

你知道現代醫學常用的診斷方法叫「聽診」吧？

輕叩患者身體，根據聲音判斷臟器的狀態。

嗯，熟了……不是這裡……

我是西瓜嗎？

但這個時期是排斥醫生聽診的時代，

為什麼要拒絕聽診？

怎麼可以敲擊患者呢？我才不做這麼沒格調的事。

只有技術差的外科醫生才這麼做。

但是也出現許多真正為患者治病的好醫生。

有位醫生透過經驗、觀察、實驗等方法，在近代醫學界大受好評，他就是布爾哈夫。

布爾哈夫
（西元1668～1738）

布爾哈夫曾在萊登大學擔任植物、醫學、化學教授，

懂得真多啊！

在化學方面，布爾哈夫不相信燃素說。

他不偏向物理學派，也不偏向化學學派，是中立主義者。

化學　物理

他總是能對症治療，因此獲得患者的愛戴……

請排隊！

實踐比理論重要得多。

他以診斷和治療臥床病患而出名。

判斷患者的病症

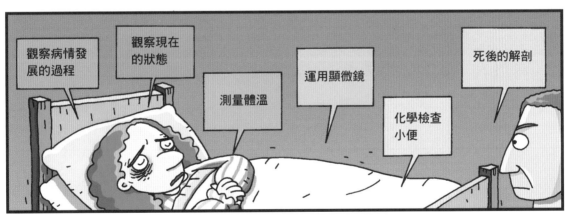

觀察病情發展的過程

觀察現在的狀態

測量體溫

運用顯微鏡

死後的解剖

化學檢查小便

因為他治療患者時會帶著學生，

所以歐洲各地有許多人前來拜師。

呼啦啦啦～

這種做法在現代很常見……

151

此外，布爾哈夫認為天花會經由接觸傳染，

他還寫書發揚光大希波克拉底★的醫學精神。

還有一件有趣的事情是……

★關於希波克拉底的故事，請參考第一冊第167頁。

布爾哈夫的遺物中發現了一本用繩子綁起來的書。

這是什麼？綁得這麼結實。

啊！這個題目很有意思啊。

醫學最深奧的祕密……

醫學最深奧的祕密

這個人是名醫，書中一定記錄了健康、長壽的祕訣。

啊，太好奇了！

我要買！

不，它是我的！

這本書最後以高價拍賣售出。

嘿嘿！終於買到了。

買到的人小心的把書打開……

這是什麼啊？怎麼沒有字？

只有書的最後一頁寫了一行字。

保持冷靜的頭腦、溫暖的腳，你就不會生病。

什麼！這不是常識嗎！

我花高價買的……

雖然這被認為是布爾哈夫的玩笑，

但是也能看出他簡單直率的性情。

還有一位義大利的解剖學家莫爾加尼，

莫爾加尼
(西元1682～1771年)

莫爾加尼十分重視解剖學。

當然！解剖和檢驗屍體時，總會有所發現！

這條血管為什麼這麼僵硬？

為什麼胃上有個洞？

經過反覆研究，找出疾病的症狀和治療方法是多麼美好啊！

即使沒有發現，

至少也學會用懷疑的眼光觀察問題。

那些忽視解剖學、不參與驗屍的人連懷疑的態度都沒有啊！

我抱持這個信念解剖了60多具屍體,

好多新發現啊。

每次解剖後,都要寫信告知朋友我的新發現。

在這個時期,有新的研究結果都要以信件率先發表。

我寫了70多封信……

這個時期如果沒有朋友,是很難成為科學家的。

之後根據這些信件出版了5本書。

疾病的位置與病因

原文書名有點長,但是很好理解。就是用解剖學找出原因和病發的位置。

結論是:無論什麼疾病都可以透過解剖找出原因。

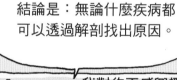

我對你不感興趣,別擔心。

這是我的領域。

解剖學可以找到疾病的位置。

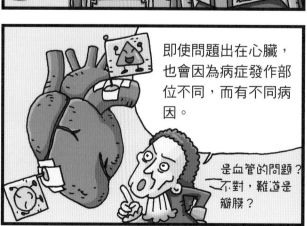

即使問題出在心臟,也會因為病症發作部位不同,而有不同病因。

是血管的問題?不對,難道是瓣膜?

我透過解剖找出了多種疾病的症狀……

也發現了導致多種疾病的原因。

大動脈閉鎖不全症

心絞痛

喉頭

猛爆性肝炎

胃癌

胃潰瘍

人們還把我的名字用在解剖學上呢！

相信我，努力進行解剖實驗吧！

莫爾加尼是第一位結合解剖學和病症的醫生，

我可是第一人啊！

被稱為「病理解剖學之父」。

這個時期醫生的工作態度因為他而轉變，

醫學也開始朝著現代化和系統化發展。

我教出很多學生！

名字也被用在解剖學上！

科學革命
重要人物②
羅伯特·虎克

...

羅伯特·虎克出生於英國。

比牛頓早7年出生。

羅伯特·虎克
(西元1635～
1703)

虎克的父親是牧師,從小就接受父親的教育。

別拿牛頓跟我比!

可是他與牛頓一樣身體虛弱。

他還有美術天分,上過專業課程,

但是很快便放棄美術,進入西敏公學學古典文學和數學。

古典文學　數學

他改良了排氣幫浦,還善於製作各種機械。

他不分晝夜的改良實驗裝置,並做了許多新奇的實驗。

他在牛津大學認識波以耳★並成為對方的助手,

虎克從此顯露出了實驗方面的天分。

....

★關於波以耳的故事,請參考本冊第50頁。

他一天只睡三、四個小時，很勤奮吧？

對我這種身體虛弱的人來說非常不容易。

我的身體也不好……

虎克的天分得到認可，於1663年成為英國皇家學會的實驗管理員。

並參與每週舉辦的學術會議和主要實驗項目。

經由這些實驗，他發明和改良了許多科學儀器。

從鏡片研磨器、萬向接頭、望遠鏡支架等輔助設備，

到風速計、溫度計、折射儀等實用設備都是他發明製作的。

萬向接頭

鏡片研磨器

折射儀

風速計

他不僅改良了實驗工具，還製作了水銀氣壓計，並提出利用氣壓計預報氣象的方法。

他還改良了顯微鏡並出版《微物圖解》。

這本書首次展現植物、動物和礦物的顯微結構，並使用「細胞」這個名詞。

還記得我學過美術吧？

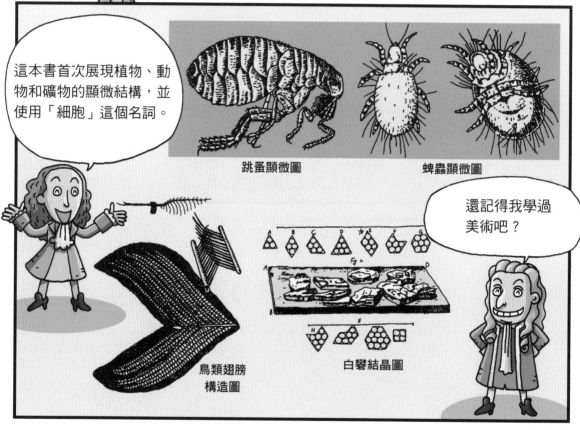

跳蚤顯微圖

蜱蟲顯微圖

鳥類翅膀構造圖

白礬結晶圖

虎克的觀察結果中，軟木塞細胞是非常重要的發現。

我發現軟木組織內有許多小孔，便稱它為「細胞」(cell)。

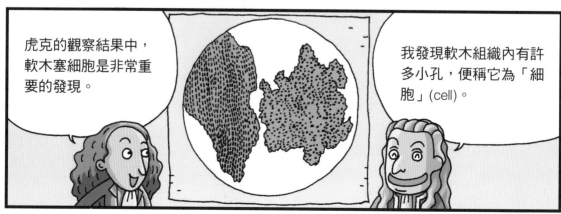

158

除了實驗，虎克的理論也很有成就。

他是第一個用「擺」測量重力的人，

也是首位提出「天體運動與力學有關」的人。

後來他的理論幾乎全部都被證明是正確的。

像虎克這樣涉獵多種領域的科學家非常少見，

如果出生在別的時代，他也會是重要人物。

但是因為處於近代科學發展時期，

他的許多發現和理論並沒有完全得到認可。

這個時期的科學理論是可以用數學解釋的。

$$a = \frac{v - v_0}{t} \quad v = v_0 + at$$
$$\sqrt{A^2 + B +}$$
$$W = G\frac{Mm_2}{v_2} - G\frac{Mm_2}{r}$$
$$v = \frac{\Delta s}{\Delta t} \quad a = \Delta v$$

科學 革命

就如牛頓寫《自然哲學的數學原理》時一樣，

但是虎克的數學能力不足以解釋創意性的構思，

加上他的個性急躁，所以無法完成一些創意性想法。

只要比較一下，不難發現牛頓的數學能力比虎克強。

所以後人評價虎克「雖然整理了許多理論，卻無法完成自己的理論」。

相對於牛頓以《自然哲學的數學原理》整理出古典物理學的系統，

更顯得虎克很可惜。

雖然牛頓和虎克都無法忍受別人批判，

我說了，別事事都比較！

切！第一次意見一致。

但比起牛頓名揚四方，虎克卻缺少讓人產生好感的能力。

虎克是誰呀？貧窮、醜陋又身體虛弱……

聽說他事事計較，疑心病很重。

虎克的創造力被世人忽視了。

切！煩死了。我也是受害者！

都是因為你！

今日我們提到虎克只想到「彈性法則(虎克定律)」。

這是對彈簧或有彈性物體的研究。

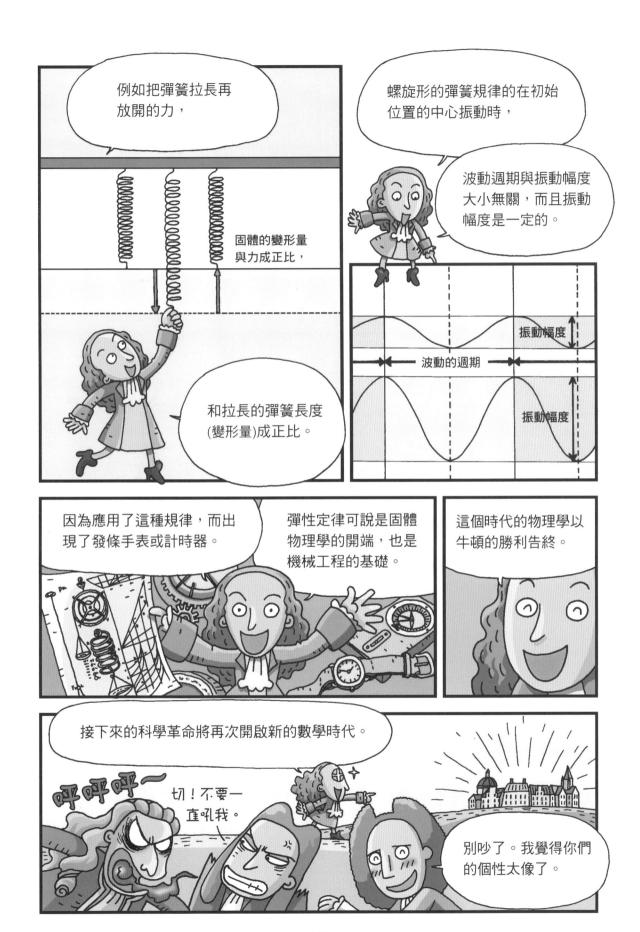

科學革命
生物學
探索大自然的奧祕

馬爾皮吉和虎克等學者改良了顯微鏡。

這時的顯微鏡對許多人來說只是有趣的玩具，

哇！竟然有這麼複雜的生物。

呃！看了好癢。

但是人們使用顯微鏡的興趣也更高了。

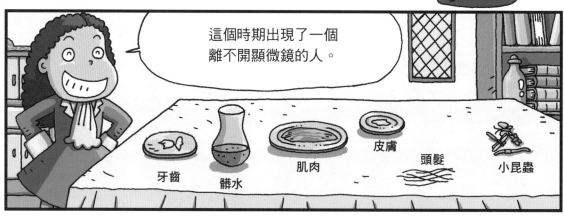

這個時期出現了一個離不開顯微鏡的人。

牙齒　髒水　肌肉　皮膚　頭髮　小昆蟲

他沒有接受過正規教育，但卻熱中於顯微鏡觀測，

他就是17世紀時被稱為「微生物學之父」的顯微鏡學者雷文霍克。

雷文霍克
(西元1632～1723)

雷文霍克的父親很早就去世了，所以他要賺錢養家，無法上學。

我曾在布店當學徒，還做過守衛、理髮師。

生活不易啊！

但是只要有時間……

呀！

就會飛奔回家玩顯微鏡。

嘿嘿，今天要觀察什麼呢？

單純玩顯微鏡怎麼配得上「達人」的稱號呢？

不僅要會用顯微鏡，其他方面也要精通。

真正的顯微鏡達人至少要會製作和改良顯微鏡！

這時候的顯微鏡還是虎克以複合鏡片改良過的版本。

複合鏡片雖然可以提高倍率，但是會產生色收差，成像不清晰。

所以，我想要製作只用一枚鏡片就能提高倍率的顯微鏡。

163

這時我發現了一個好東西！

這是什麼呀？

這是檢查布料用的放大鏡……

哇，太好了！

小心！別摔壞了……

你們不需要知道我怎麼得到這個好東西的。

喂，你要拿去哪啊？

我利用放大鏡製作出小型顯微鏡。

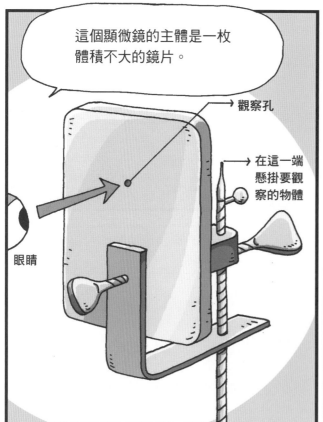

這個顯微鏡的主體是一枚體積不大的鏡片。

觀察孔

在這一端懸掛要觀察的物體

眼睛

我加工了400多枚鏡片，鏡片加工技術也快速提升。

我還做出能放大270倍的鏡片，夠厲害吧？

啊？

我用這架顯微鏡觀察了許多生物。

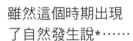

雖然這個時期出現了自然發生說★……

自然發生說認為跳蚤是沙土中產生的。

這是跳蚤從卵中孵化的過程圖。

★關於自然發生說，請參考第四冊第186頁。

怎麼可能！那麼，米蟲是從米裡面長出來的！

這是米蟲從卵中孵化的過程圖。

那麼，螞蟻是……
那麼，壤蟲是……

至少鰻魚是從水中……蛤蜊是從泥土……

不是的。雖然找資料很麻煩，我還是找到了。

再小的生物也會經歷正常的出生過程，

卵 ➡ 幼崽

母親 ➡ 幼崽

幼崽繼承母親的所有性質。

哎喲……

知道了吧？

雷文霍克完成的觀察報告多達375篇。

嘿嘿！今天要觀察什麼呢？

哎呀！離我遠一點！

你也認識他？我超討厭這個人。

喂！你們要去哪裡？幫幫我啊！

嗖嗖嗖～

哼！即使沒人幫忙，我也要繼續觀察。

對了，今天來觀察水吧，水有很多種類呢。

雷文霍克從觀察結果中找到了共同點。

那就是：觀察的物體中都存在一種小小的、活動緩慢的東西。

溪水、湖水中有，

血液裡也有，

精液之中也有，

嘴巴裡面也有。

雖然不知道那是什麼，但是我叫牠「微生物」。

這可是我自行研究出來的。

測量牠們的大小，還畫出形狀。

後來我才知道，精液中的是精子，嘴裡的是細菌。

儘管雷文霍克缺少正規的科學訓練，

但他對微小世界的細緻觀察、精確描述，以及眾多驚人發現，讓他成為皇家學會會員。

這是正確的。

我不會輕易表揚人的。

虎克

1695年，他還出版了《大自然的奧祕》。

我發現紅血球是圓形的，還有細胞核。這樣一來就確定血液循環說★是真的了。

蚜蟲是單性生殖動物，沒有父母也能生出後代。很神奇吧？

觀察了松樹木質纖維，我發現植物也有組織。

★關於血液循環說，請參考本冊第16頁。

這本書讓他聲名大噪。

俄國
彼得一世

英國
詹姆斯二世

普魯士
腓特烈一世

這些皇族都想和我見面。

但是觀察不僅需要好的顯微鏡，間接照明也非常重要。

雷文霍克沒有把他的照明技術告訴任何人，

我的技術為什麼要教給別人？

所以在他91歲去世以後……

把技術說出來再死啊～

到1830年無色收差顯微鏡問世之前，

顯微鏡領域沒有什麼發展，確實有些遺憾。

1830年的顯微鏡

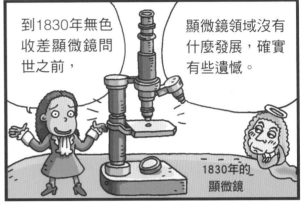

接下來登場的是法國物理學家、動物學家。

列奧米爾
(西元1683～1757)

聽說你負責整理國家自然資源的資料？

是啊，因為這時候的法國實行獎勵商業政策，

所以科學研究院的學者也努力研究生產技術。

你們去開發煉鋼和製鐵的方法吧!

你們去開發製作堅固陶瓷的方法吧!

簡單來說,就是發展實用科學。

路易十四

國王開口,我們就要去做。

啊,這是熔化灰鐵最經濟實用的熔爐。

我製作出成分獨特的陶瓷器,名叫「列奧米爾瓷器」。

嗯!這個很有價值。

我還製作了溫度計。

沒有人能確定第一個發明溫度計的人是誰。

伽利略、弗拉德[1]及桑托里奧[2]等人都研究並製作過溫度計。

1. 弗拉德:17世紀英國醫師。　2. 關於桑托里奧的故事,請參考本書第24頁。

但是多年以來,溫度計一直沒有達到實用階段。

我想知道水的結冰溫度是多少……

我想知道人體的溫度……

我想知道極高溫跟極低溫會造成什麼影響?

1714年，華倫海特★發明了實用的溫度計。

我把雪加鹽的溫度當成溫度計最上方的標準，

鹽雪

96等份

體溫

華倫海特

將人體體溫設為最下方標準，然後將兩者間的溫度分成96等份。

★華倫海特：德國物理學家、工程師，「華氏溫標（℉）」的創立者。

1730年，我以酒精代替水銀來製作溫度計。

列奧米爾

列奧米爾利用酒精在沸點和冰點時體積不同的性質，

酒精冰點時的體積為1000

酒精沸點時的體積為1080

做出沸點為80度，冰點為0度的溫度計。

有很長一段時間，歐洲都使用這個溫度計。

1742年，安德斯·攝爾修斯★發明了另一種溫度計。

安德斯·攝爾修斯

★安德斯·攝爾修斯：瑞典物理學及天文學家，「攝室溫標（℃）」的創立者。

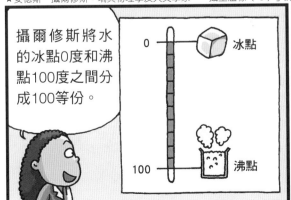

攝爾修斯將水的冰點0度和沸點100度之間分成100等份。

0

冰點

100

沸點

當時人們沒有使用列奧米爾的溫度計，

華倫海特的溫度計也只在英國和美國使用。

列奧米爾的溫度計

華倫海特的溫度計

其他國家幾乎都使用攝爾修斯的溫度計。

分成100等份比較好用。

攝爾修斯的溫度計

各種溫度計的溫度表示法採用發明者姓氏的首字母。

攝爾修斯Celsius→°C
華倫海特Fahrenheit→°F
列奧米爾Réaumur→°R

台灣則以發明者姓氏的翻譯首字來表示。

攝爾修斯	→	攝氏	→	以°C表示
華倫海特	→	華氏	→	以°F表示
列奧米爾	→	列氏	→	以°R表示

列奧米爾還研究了動物的消化作用吧？

是的，我養了一隻鵟鷹。

鵟鷹一口氣吃下食物，

咕咚

咳咳

又把不能消化的食物吐了出來。

有一天，我用樹枝撥開鵟鷹吐出來的東西，

哇！你不覺得噁心嗎？

172

我發現鷂鷹吐出來的肉變軟了。

喂，你看！

所以下一次餵食時，我把棉花放在鐵網小球內給鷂鷹食用。

主人，這個不好吃。

鐵網小球當然被鷂鷹吐了出來。

咳咳

小球中的棉花摻雜了某種液體，我把這種液體沾在肉上，

肉也變軟了。

……

然後我在鐵網小球中放肉，再次讓鷂鷹食用，

……

鷂鷹吐出的肉變得略為軟爛。

搗碎
研磨

當時的人認為胃就像石磨，會先將食物搗碎、研磨，再消化吸收。

但是鐵球中的肉無法直接被搗碎吸收……

消化並不是把食物搗碎的機械性行為，而是分解食物的化學過程。

不然你以為是什麼？

17世紀歐洲出現了兩種消化理論的對立勢力，

消化是機械性作用。

消化是化學性作用。

列奧米爾的發現決定了勝負。

化學

他還做過多種關於消化的研究。

看吧，看吧，肉的上面……

例如將肉放置在37℃左右的環境幾小時後，肉會變得軟趴趴的。

他還透過實驗測量出肉和麵包的消化時間不一樣……

1833年，沛因和貝索茲[1]發現分解澱粉的成分(澱粉酶)。

1836年，施旺[2]發現分解蛋白質的成分(胃蛋白酶)。

發現胃蛋白酶

發現澱粉酵素

1. 沛因、貝索茲：法國化學家。 2. 施旺：德國動物學家。

1876年，屈內★將酵素命名為「酶」。

不間斷的研究消化。

酶

★屈內：德國生理學家。

174

列奧米爾還研究過生物的成長。

成長有好幾個階段。

動物想要長大，就需要食用一定數量的食物。

哇嗚哇嗚

汪汪

冬季凋零的植物，

想要發芽、開花、結果，

每個階段都需要一段時間維持固定的溫度。

嘿嘿嘿嘿

咻咻

像這樣，生物在每個成長階段都需要一定的熱量。

聽說您還研究過昆蟲？

是的。就如這本書的書名。

昆蟲歷史紀念文集

研究昆蟲時，我不是根據外形來分類，

我認為沒有必要按照外形分類。

而是按照昆蟲的生活方式，以生態學觀點進行分類的。

嗯，牠喜歡獨自生活。

牠喜歡群體生活。

所以我觀察和記錄了大量蜜蜂、螞蟻等常見昆蟲的特性。

過程中我還研究馬蜂巢，

馬蜂啃食樹木，並在樹上用消化性物質築巢。

我很喜歡研究馬蜂巢，還在上面寫字，

你在我家外面做什麼啊？

更想到要是可以用馬蜂巢來造紙就好了。

當時的紙張是用布製作的。

用布造紙的工作時間很長，顏色也不好看……

而且材料費太高了。

樹木去皮後是白色的，如果能用來製作紙張……

而且樹木是常見的材料，供應上也不會有問題。

荷蘭在1850年成功以木漿做出紙張，

距今約150多年前，人們已經使用以樹木製成的紙張了。

人們便根據列奧米爾的想法去研究如何以樹木造紙。

此外，我還研究爬行動物和軟體動物等活體動物。

我很好奇活體動物堅硬的外殼內是怎麼產生美麗珍珠的，

努力研究後，我發現珍珠堅硬的成分正是分泌物形成的。

雖然他沒有寫完這本書，

但是已經讓大家看到了這個時代生物學的水準，

人們也稱讚列奧米爾是「昆蟲學研究的關鍵人物」。

科學革命 化學②

燃燒現象與生命活力

天氣冷就生火烤肉吃，

哎喲，冷死我了。

呀～要烤焦了！

人類很久以前就學會使用火。

因此便認為熱是一種自然現象，

沒有人懷疑為什麼會產生熱，

就因為這樣，熱現象的研究很晚才開始。

呼啦啦

科學家波以耳讓這個時代的化學產生巨大的變化……

化學

想要復甦化學，必要條件是統一解釋化學變化的原理。

有些醫生在鍊金術的影響下，想要樹立新的化學系統。

他們開始研究日常生活中經常使用到的熱現象，

並提出要研究燃燒過程的新方法。

物體中有硫黃，所以才會燃燒……

貝歇爾★

硫黃成分

貝歇爾的學生施塔爾也是一名醫化學家，

施塔爾
（西元1660～1734）

★關於貝歇爾的故事，請參考本書第66頁。

他為貝歇爾提出的燃燒成分（硫黃）取了新名字，

以全新的名字繼續研究吧。你覺得「燃素」怎麼樣？

燃素的希臘語意思是「燃燒和火花」。

燃素

他試圖把所有燃燒現象都以燃素來解釋。

燃素是燃燒物體的代表性物質。

可燃燒的物質或金屬內都有燃素。

物體燃燒，燃素就會消失，

燃燒完的灰燼中沒有燃素，就不會再次燃燒了。

金屬生鏽氧化的過程與燃燒相同。

金屬中的燃素都消失，就剩下不能再次燃燒的鐵鏽。

燃素也是物質，所以可以移動，

木炭中含有很多燃素，而金屬中的燃素卻很少。

大家是不是很好奇，燃燒物質為什麼需要空氣呢？

燃素說可以回答這個問題：因為燃素可以藉由空氣移動。

熱被當成是「燃素的分子運動」。

身體中產生的熱是血液相互摩擦產生的。

暗紅的靜脈血變成鮮紅的動脈血是因為從空氣中獲得燃素。

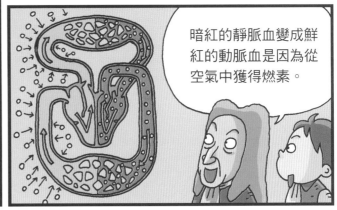

動物沒有空氣會死去，燃燒的蠟燭沒有空氣會馬上熄滅，對吧？所以我認為呼吸和燃燒的過程相同。

燃素說解釋了當時的大多數化學現象，協助人們擺脫鍊金術思想的統治，也解放了化學。

燃素說

把燃燒和呼吸過程以同一種元素解釋……真是具有劃時代的意義！

燃素與古希臘四元素概念中的火元素相似。

燃素可以說明燃燒會有某種物質消失的想法,

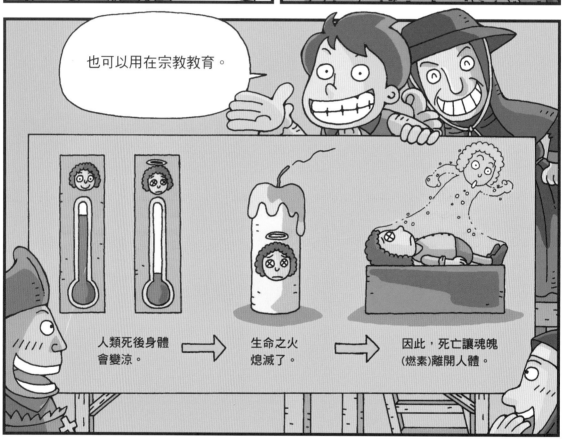

也可以用在宗教教育。

人類死後身體會變涼。 → 生命之火熄滅了。 → 因此,死亡讓魂魄(燃素)離開人體。

所以懷疑燃素存在的人,

也會否定魂魄的存在,

進而讓自己陷入危險的境地。

不敬者⋯⋯

當時，燃素說造成了巨大的影響。

施塔爾最初只是以燃素說解釋燃燒的現象，

但之後，他試圖以燃素說解釋物質的凝固和成色的原因。

不過當時已經發現了燃素說的缺點。

為什麼鐵的氧化物比鐵還重？

燃素都消失了，氧化物怎麼會比鐵重？

解釋不了，就忽略吧。

燃素說在之後的100多年內得到了所有化學家的支持，

但也阻礙了這段期間的科學發展。

此外，施塔爾還是有名的醫生。

他認為有某種特殊的非物質因素支配生物體的活動。

身為醫化學家，我同意生理作用是化學作用。

因此，我認為有必要嚴格區分生物和非生物。

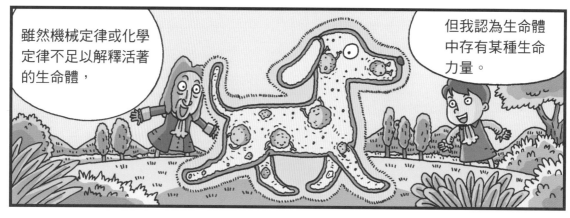

雖然機械定律或化學定律不足以解釋活著的生命體，

但我認為生命體中存有某種生命力量。

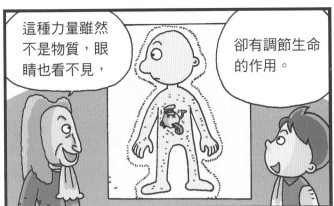

這種力量雖然不是物質，眼睛也看不見，

卻有調節生命的作用。

我稱這種力量為「活力」(anima)。

這名字取得真好。

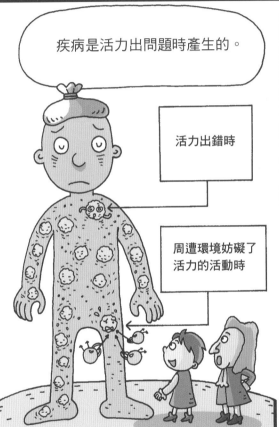

疾病是活力出問題時產生的。

活力出錯時

周遭環境妨礙了活力的活動時

這時醫生要做的就是幫助活力，

為它加油打氣。

讓它治療生命，恢復正常的生命過程。

把死血放出來……

施塔爾的說法稱為「活力論」，成為後來「生機論*」的基礎。

我不僅會取名，還會引領潮流啊！

生機論

★生機論：主張生物有基本的生命力，但生命力不能以機械的因素解釋。

這時還有一位研究生理化學的史蒂芬・海爾斯。

史蒂芬・海爾斯
（西元1677～
1761）

17世紀開始，動物學和植物學開始應用於其他學問，

植物學適用於……

物理學、化學、生理學。

物理學

植物學

化學

這個時期還開始研究人體。

植物、動物、人同樣是神創造的，是用相同的原理製作的。

海爾斯是這種理論的代表人物，

我是神職人員，只在空閒時做研究……

海爾斯50歲前沒有發表過研究成果。

有什麼好發表的……

他在1727年出版了《植物靜力學》，被稱為「植物生理學的先驅」。

沒想到會這麼受歡迎……

這是重要的研究成果啊！

海爾斯做了各式各樣的實驗。

先介紹一種新的測量工具。

水銀壓力計

在秤好重量的泥土中種一棵向日葵，

用薄鉛板蓋在花盆的泥土上，並安裝澆水和透氣的管子，

只要測量植物生長時泥土的乾燥度。

就可以知道植物吸收了多少泥土中的養分。

也可以證明空氣中的某種物質成為植物的養分，

這個工具可以知道樹液的流動方向，

從下往上流動

還可以測量幼苗的成長速度，

以及根部的水壓等。

他還透過多種測量工具和方法解決了多項植物疑問。

他認為測量樹液壓力的方法同樣適用於人體。

把樹枝截斷，在斷口接上開口的玻璃管，樹液就會上升到管內，便可以測量壓力。

在血管上插一根小玻璃管，就可以根據玻璃管上端的空氣來測量血液的壓力。

還可以測量左心室中流入了多少血液，

心臟每分鐘可以輸出多少血液，

血管中血液的流動速度和血液的阻力等情況。

他還有一本針對人體的《血液靜力學》。

這本書是生理學研究的重要著作。

血液靜力學

他被稱為「植物生理學之父」。

呵呵，真不好意思……

【番外篇】知識的傳播方法

希臘哲學家蘇格拉底★，

沒有留下任何著作。

所以後人透過他的學生柏拉圖★的著作來了解蘇格拉底的思想。

辯解　對話錄

★關於蘇格拉底與柏拉圖的故事，請參考第一冊第169頁。

我說你……別再跟人說你是我的學生了。

老師為什麼生氣啊？

我不是教過你什麼是文字嗎？

①人的精神非常深奧，絕對不能用文字來解釋。

看來你還記得我的話啊。那我還說過什麼？

②用文字寫相同的內容會降低記憶力。

對！你用文字寫下相同的內容後，就忘了重要的事情。

③文字是無法回答問題的……

你讓文字來回答你的問題啊。

④人類之間的對話是溫暖的，不是淒涼的。

我感覺不到體溫，好冷啊。

冷颼颼

所以，我反對文字。

類似的不滿和擔心總會發生。比如印刷……

嗯，這是印出來的書吧，我不喜歡。

史奎西亞費寇★

★史奎西亞費寇：16世紀威尼斯編輯。

藉由印刷，書會越來越多。這會拉開人與學問之間的距離！

書只會破壞記憶、弱化精神、降低水準！

這與蘇格拉底說的①、②、③、④幾乎一樣……

電腦剛出現時也有類似的情況。

老實說，我不喜歡電腦。

如果用電腦計算數學，以後孩子的頭腦都會變笨！

你竟敢無視我的話，還出書了？

哎喲！我不是無視老師的教導。

我是為了傳播老師的思想才寫書，因為那是最有效的方法……

這是反對文字、印刷和電腦的人最大的悲哀。

為了傳播我們的意見，不得不使用更先進的技術。

憤怒！

因此，新的知識和技術在反對和疑問聲中不斷發展。

今後也會出現更具劃時代意義的新技術吧？